KB232431

나, 혼자 살기

상식으로 꼭 알아야 할

나, 혼자 살기

주부의벗사 지음
김혜리 옮김

(주) 삼양미디어

자취를 시작하는 당신에게

먼저, 새로운 생활의 시작을 축하합니다.

오랫동안 꿈꿔 왔던 독립일 것입니다. 어쩌면 독립해서 자취하기까지의 길이 무척 험난했을지도 모릅니다. 이제까지의 어려움을 뒤로하고 자유롭고 평온한 독립생활이 펼쳐질 것 같지만 이제까지의 고난은 시작에 불과합니다. 당연하게 들어갔던 집도 더 이상은 '내' 집이 아닙니다. 자신만의 공간을 스스로 찾아야 합니다. 교통이나 보안, 가격, 상태, 위치, 주변 상권, 동네 분위기까지 다 고려해서 말입니다. 생애 처음으로 큰 금액을 가지고 타인과 금전 거래를 해야 할 것입니다. 행정적인 서류처리도 해야 하고, 생활을 위해서 필요한 수도와 가스, 전기, 인터넷 업체와도 연락해야 할 것입니다.

그렇게 시작된 독립생활은 어떨까요? 이제는 아침에 깨워줄 사람도, 밥을 해 줄 사람도, 설거지며 빨래를 해 줄 사람도 없습니다. 아주 사소한 일 하나조차 스스로 해야 하는 삶이 시작된 것입니다. 처음에는 설레는 마음으로 이것저것 시도해 보지만 아무리 해도 다음 날이면 다시 더러워져 있는 방, 반복적이고 보람을 찾기 어려운 가사노동도 오롯이 자신의 몫입니다. 어쩌면 집에서 버섯이나 곰팡이를 보게 될지도 모릅니다. 신을 양말이 없어서 세탁기를 뒤지거나 설거지가 귀찮아서 썼던 그릇을 헹궈서 다시 쓰게 될지도 모릅니다. 이처럼 자취는 설렘이면서 동시에 두려움이기도 합니다.

바닥에는 먼지 카펫이 깔려 있고, 세탁기 앞에는 빨래의 산이 두 봉우리 서 있으며, 냉장고 안에는 반쯤 찬 생수병과 말라비틀어진 당근과 감자가 뒹굴고, 냉장고 밖에는 생명만큼이나 귀중한 배달업체 전단이 붙어 있는 생활이 될 수도 있기 때문입니다.

잠시 넋을 빼놓고 있는 동안에 두근거리던 독립생활과, 자신만의 스위트홈이 쓰레기통으로 바뀔 수도 있는 자취생활, ≪나 혼자 살기≫는 혹시라도 그런 위험에 빠질지 모르는 분들을 위한 책입니다.

처음 시작하는 살림이기 때문에 당연히 서툴고 어려울 수밖에 없습니다.

실수를 하고 나면 다시 하기 싫어지기도 하지요. ≪나 혼자 살기≫는

그런 실수를 예방하고자 나왔습니다. 자취 생활의 시작부터 제대로

기초를 세워서 어려움 없이 '집'에서처럼 살 수 있도록 도와주

기 위해서 말입니다.

그렇다고 너무 겁내거나 부담스러워할 필요는 없습니다. 이제까지와 다른 '자유'가 당신

을 기다리고 있습니다. 어떤 자취 생활을 꿈꾸었나요? 친구가 모이는 떠들썩하고 즐거운

삶? 카페처럼 멋진 방에서 사는 삶? 개성 넘치는 라이프 스타일을 실현하는 삶? 무엇을 원

했든, 선택하고 실행할 수 있습니다.

누구에게도 방해받지 않고, 자신만의 시간을 즐길 수 있으며, 처음에는 서툴던 요리가 조

금씩 능숙해져 어느새 자신만의 특별한 레시피가 생기기도 합니다. 조금씩 생활비

를 아끼고 저금을 해서 꿈에 그리던 가구나 가방을 사거나 여행갈 자금을 마련

할 수도 있습니다. 가족들이 반대해서 키울 수 없었던 동물을 들일 수도 있고, 다

른 가족들 때문에 시도할 수 없었던 독특하거나 불편하지만 좋아하는 스타일의

인테리어를 시도해 볼 수도 있습니다.

어떻게 하느냐에 따라 자취 생활의 하루하루는 "기뻐!"와 "즐거워!"

로 가득할 수도 있고, "더러워!"와 "으악!"으로 점철될 수도 있습니다.

모든 것은 당신이 하기 나름입니다.

이 책은 당신의 자취를 조금이라도 쾌적하게 하기 위해 만들었습니다.

집을 찾는 것부터 집안일, 인테리어, 요리, 매너, 위기 대처 방법까지 자취를 시작할 때나

생활해가면서 곤란하거나 어렵다는 생각이 들 만한 문제들의 해답을 담았습니다.

뭔가 곤란한 일이 생겼을 때 부모님께 전화해서 묻기 전에 이 책을 펼쳐 봐 주세요.

편집부

CONTENTS

PART 1

독립 준비 스타트

 꼭 필요하다고? 그렇지는 않아요.

PART 2

두근두근 인테리어

 직접 하는 간단한 집수리 D.I.Y 1

PART 7

심장이 철렁!
위급 상황 발생

부록

독립 준비 스타트

독립의 첫 걸음은 집을 구하는 것에서 시작됩니다. 하지만 지금은 막연하게 '좋은 집'을 구했으면 좋겠다는 생각뿐, 막막하기만 하죠? 그렇다면 이런 조건부터 생각해 보면 어떨까요?

 ## 이런 것들도 고려해 보세요.

살고 싶은 동네가 정해졌다면, 이제는 좀 더 구체적이고 현실적으로 생각해 봅시다. 자신의 생활 패턴을 고려하여 자주 다니는 곳, 분위기, 안정성 등 다양한 요소를 생각해 보아야 합니다. 모두 만족시킬 수 없다면 어떤 것에 좀 더 중점을 둘지 생각하여 정합니다.

움직이는 경로나 노선은?

사람에 따라 버스나 지하철 중 선호하는 교통 수단이 다르기도 하고, 노선에 따라 분위기나 붐비는 시간대가 다르기도 합니다. 자주 가는 곳, 집과 가까운 곳 등 주 이동 경로를 기준으로 결정하는 방법도 있답니다.

주로 생활하는 시간대는?

아침 일찍 집을 나와서 늦게 집으로 돌아오는 생활을 하고 있나요? 그렇다면 밤늦게까지 영업을 하는 식료품점이나 편의점이 근처에 있는지를 꼭 확인하세요.

변화가 두렵다면 낯익은 곳을!

독립을 하는 것부터가 큰 모험인데 갑작스럽게 동네까지 바뀌면 너무 큰 부담이 될 수도 있답니다. 어릴 때 살았던 동네, 자주 갔던 동네라면 아예 모르는 곳보다 안심할 수 있겠죠?

나의 경제적 능력은?

아무리 마음에 드는 집이라도 예산이 맞아야겠죠? 집세가 싼 지역은 근처 음식점이나 동네슈퍼의 가격도 저렴한 경우가 많습니다.

나는 안전 지상주의?

독립을 하면 집에 사람이 없는 시간이 길 수밖에 없습니다. 빈집털이범의 대상이 될까 걱정된다면 경찰서나 파출소 근처에 집을 구하는 것도 좋겠지요?

집, 어떻게 찾아야 할까요?

살 동네를 정했다면, 이제는 집을 찾아봐야겠지요? 인터넷을 이용하면 가격정보나 생활정보를 얻을 수 있고, 직접 부동산에 방문하면 인터넷에는 올라와 있지 않은 알짜배기 매물을 확인할 수도 있습니다. 백문이 불여일 견! 내가 살 집은 직접 발품을 팔아 직접 보고 확인하는 것이 가장 중요합니다.

 ## 인터넷으로 시작해 보세요.

인터넷은 정보의 바다! 직접 다니지 않고도 여러 지역을 쉽게 비교해 볼 수 있습니다. 부동산 업체의 사이트, 포털사이트의 부동산 페이지, 다양한 직거래 사이트 등을 통해 관심 지역의 시세나 분위기, 편의시설, 생활정보 등을 얻을 수 있지요.

> **Check**
>
> ☐ **절대 안 되는 조건과 꼭 필요한 조건을 정해 두었나요?**
> '이것만은 꼭!' 인 조건을 정해 두세요. 예를 들면, 반지하나 옥탑방만은 피하고 싶다 거나 엘리베이터나 관리인이 반드시 있을 것, 1층 이상일 것 같은 조건입니다.
>
> ☐ **최고 보증금과 임대료, 최저 보증금과 임대료의 범위를 정해 두셨나요?**
> 보증금과 월세로 낼 수 있는 금액의 범위를 정해 두면, 매물을 고르는 범위를 좁힐 수 있습니다. 요즘은 전세 매물이 적어지고, 전세와 월세를 섞은 '반전세' 매물도 있으니 확인해 보세요.
>
> ☐ **역에서 5분, 실제로는 얼마일까요?**
> 집을 찾다 보면 "역에서 5분"이라는 문구를 자주 보게 됩니다. 그런데 이것 은 실제로 재지 않고 80미터당 1분으로 계산하는 경우가 많아 직접 걸어보면 30 분이 걸리는 경우도 있답니다. 그러니 꼭 발품을!!

 ## 부동산 중개소도 방문해 볼까요?

해당 지역의 부동산 중개소는 직거래 사이트보다 안전할 뿐만 아니라, 직거래 사이트에 없 는 매물이 올라와 있는 경우가 많습니다. 요즘은 인터넷으로 매물을 공유하기 때문에 여러 곳을 들를 필요가 없다고들 하지만, 직접 가 보면 또 다르답니다. 여러 부동산 중개소를 방문하는 것이 유리합니다.

☐ **집에 포함된 옵션 사항은 무엇이 있을까요?**

옵션의 범위는 넓습니다. 오피스텔이나 원룸은 신발장이나 싱크대부터 전자제품과 침대, 세탁기, 에어컨까지 제공하지만 일반 다가구주택일 경우 옵션이 전혀 없을 수도 있습니다. 풀옵션이라면 초기 가전 및 가구 장만 비용을 아낄 수 있겠죠?

☐ **우선순위를 정해 두었나요?**

집을 구할 때, 꼭 생각해야 할 조건이 있을 것입니다. 금액일 수도 있고, 설비나 건축연도, 편의성 등 다양하겠지요. 하지만 마음에 드는 집을 찾지 못했을 때는 그런 조건들을 하나씩 낮추거나 포기하면서 찾아야 합니다. 우선순위를 정해 두면 이 작업이 조금은 쉬워진답니다.

결국에는 발품도 팔아야 해요.

부동산 업체의 말만 듣고 덜컥 계약을 할 수는 없겠지요? 나에게 꼭 맞는 집이 있다면 직접 찾아가 눈으로 확인해야 합니다. 집뿐 아니라 동네 분위기, 사람들의 분위기와 연령대도 중요하답니다. 시간이 있다면 낮과 밤에 두 번 가보는 것이 좋아요.

☐ **역에서 집으로 오는 길의 분위기는 어땠나요?**

동네의 분위기만큼 중요한 것이 통행로의 분위기랍니다. 역에서 집으로 오는 길이 안전한지, 사람들의 왕래는 충분한지, 유흥시설이 있는지 등을 확인해 두세요. 밤늦게 귀가할 일이 생길지도 모르잖아요?!

☐ **콘센트 수와 전등 스위치의 위치는 확인했나요?**

무작정 이사를 하기보다는 사전에 배치도를 짜두면 이사가 수월한데요. 이때 꼭 필요한 요소가 콘센트 수와 위치, 전등 스위치의 위치, 문 여닫이의 방향입니다. 집을 보러 갈 때 줄자를 가져가서 집 내부의 크기를 재 오거나 사진을 찍어두면 물건 구입도 실수 없이 할 수 있답니다.

 **평면도를 보면 집의 구조가 한눈에 보여요.**

집의 평면도를 보면 집의 구조를 한눈에 파악할 수 있습니다. 특히 물건 배치를 구상할 때 편리하지요. 가구를 놓았을 때의 동선을 파악하고, 출입구를 막는지 여부도 확인할 수 있고, 집을 방문했을 때 알아온 콘센트나 스위치의 위치를 표시해서 가구와 물건 배치를 해 보면 이사할 때의 혼란을 줄일 수 있답니다.

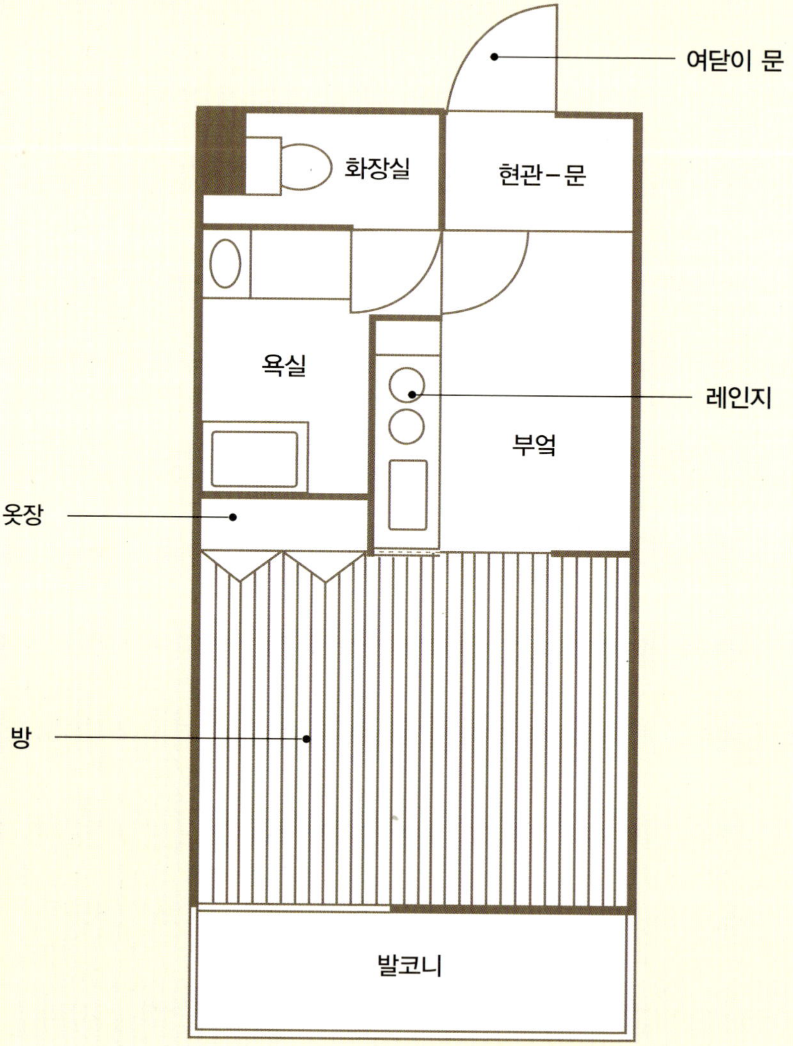

 **낯선 건축용어들을 알아볼까요?**

수납장

선 채로 사람이 드나들 수 있는 넓이의 수납 공간을 워크 인 클로짓이라고 부릅니다. 수납장은 서서 드나들 수는 없지만 깊숙한 수납 공간을 말합니다.

준공 연월

건물이 지어진 날짜를 말합니다. 대부분 최근에 지어진 신축을 선호하지만, 오래된 집이라도 실내 인테리어를 새롭게 해 깨끗한 경우도 있습니다.

전용면적

실제 현관·방·거실·부엌 등 주거에 사용하는 면적을 말하며, 실내 면적이라고도 부릅니다. 분양면적에서 계단·복도·건물 출입구 등 집을 드나들 때 반드시 거쳐야 하는 각종 공용면적을 뺀 면적을 말합니다.

복층(로프트)

천장을 높게 해서 방 일부를 2층식으로 한 집을 말합니다. 여름에 에어컨의 냉기가 닿지 않거나, 복층 바닥에 난방이 되지 않아 고생하는 경우가 있습니다.

베란다·발코니

지붕이 있으면 베란다, 지붕이 없으면 발코니라고 부릅니다. 혼용하는 경우가 많으며 발코니에 지붕을 다는 경우도 많습니다.

제곱미터

넓이를 나타내는 단위입니다. 예전에는 '평'이라는 용어를 썼지만 최근 법 개정으로 방의 넓이는 미터법으로 표기합니다. 1평을 3.3제곱미터로 바꾸어 계산하면 정확한 넓이를 알 수 있습니다.

레인지

가스레인지인지 전기레인지인지 확인합니다. 요즘에는 인덕션이 설치되어 있는 경우도 있습니다.

 ## 04 계약과 돈 문제, 까다롭지 않아요.

난생처음 쓰는 계약서, 어쩐지 가슴이 떨리고 혹시라도 실수를 할까 걱정되는 것은 당연합니다. 여기에 '돈'이라는 까다롭고 어려운 문제까지 더해지면 머리가 지끈거리고 가슴이 묵직해지기 마련입니다. 하지만 너무 걱정할 필요 없답니다. 몇 가지만 챙기면 어렵지 않게 해낼 수 있으니까요.

 ### 임대차계약서를 쓸 때, 이런 점은 잊지 말아요.

① 계약서상의 소재지와 임대할 집의 실제 주소를 꼭 확인하세요. 층이나 호수가 있는 건물이라면 층과 호수도 같이 확인해야 한답니다.

② 임대료의 총액과 계약금, 잔액, 월세 등의 금액이 제대로 기입되어 있는지 확인하세요.

③ 사용 수칙이나 특별한 조건이 있는지 확인해 보세요. 동물 금지나 수리·수선 의무 등에 대한 부분이 있을 수 있답니다.

④ 계약일자가 계약한 날짜가 맞는지도 꼭 확인하세요.

⑤ 계약서에 있는 주소와 주민등록번호가 주민등록증과 일치하는지 확인하고, 집주인의 연락처도 받아두세요. 살다 보면 집주인에게 연락을 해야 할 일이 한두 번은 생길 수 있답니다.

⑥ 임대료 지불의 증거가 될 수 있다는 점에서 임대료는 계좌이체가 안전합니다.

돈은 얼마나 준비해야 할까요?

첫 번째, 집을 임대할 돈

월세일 경우, 보증금 외에 대략 3개월분의 집세를 준비하고, 전세일 경우에는 계약금, 잔금으로 구분해서 준비하면 됩니다.

두 번째, 새로 살 물건값

필요한 일상 용품이나 가전 등 물건을 살 돈입니다. 구입해야 할 물건에 따라 조금은 조정할 수 있는 돈입니다.

마지막으로, 이사 비용

이사 거리와 짐의 양에 따라 크게 달라집니다. 또 업체를 이용할지, 택배를 이용하거나 직접 이사를 할지에 따라 준비해야 할 액수가 달라지겠지요?

집에 드는 돈에는 무엇이 있나요?

계약금

매물을 잡아둘 때 필요한 돈으로, 가계약금이라고도 합니다. 계약이 무사히 진행될 경우 보증금에 포함됩니다. 만약 계약 성사되지 않을 경우, 계약 파기의 책임소지에 따라 환불 받을 수도 있지만, 실수나 변심으로 계약이 취소될 경우 환불받기는 어려우니 계약금을 걸기 전에 꼼꼼히 따져봅시다.

보증금

집주인에게 맡겨 두는 돈을 말합니다. 전세와 월세에 따라 보증금의 금액이 다릅니다. 전세는 전세금액은 상호 합의로 정해지는데, 경제상황에 따라 증감이 가능합니다. 하지만 계약서에 증감에 대한 조항을 명시해야 한다는 것 잊지 맙시다. 일반적으로 기존 전세금의 20분의 1 이상 되는 금액을 인상할 수 없으며 1년 안에 추가 인상도 할 수 없습니다.

집세

월세 계약에만 존재하는 개념입니다. 가능하면 증거가 남을 수 있는 자동이체나 무통장 입금을 하는 편이 좋습니다.

중개수수료

집을 소개해 준 사례로 부동산에 지불하는 돈을 말합니다.

- **월세의 중개수수료 계산법**

  {보증금 + (월세 × 계약월수)} × 중개수수료율

- **전세의 중개수수료 계산법**

  보증금 × 중개수수료율

- **중개수수료율은 어떻게 정해질까요?**

  - 5천만 원 미만 / 수수료율(0.5%) / 최대(20만 원)
  - 5천만 원 이상 1억 원 미만 / 수수료율(0.4%) / 최대(30만 원)
  - 1억 원 이상 3억 원 미만 / 수수료율(0.3%) / 최대한도액 없음

중개수수료를 너무 많이 냈어요!

부동산에서 중개수수료를 과다하게 청구해도 혹시나 계약이 파기될까 두려워 이의를 제기하기 어려울 수도 있죠. 걱정하지 마세요. 이사할 곳의 구청 지적과에 중개수수료의 영수증을 가지고 가서 문의하면 차액을 돌려받을 수 있습니다. 그러니 영수증은 꼭 챙기고, 증거를 남길 수 있도록 계좌이체하는 편이 좋습니다.

05 입주 전에 꼭 확인해 보세요.

거실

- ☐ 바닥재에 흠집이 있지는 않나요?
- ☐ 카펫이나 장판에 얼룩이나 탄 자국이 있지는 않나요?
- ☐ 벽에 얼룩이나 못, 핀 자국이 있지는 않나요?
- ☐ 창은 부드럽게 잘 여닫아지나요?
- ☐ 방충망이나 커튼 레일은 고장나지 않았나요?
- ☐ 콘센트나 스위치는 정상적으로 작동하나요?
- ☐ 에어컨은 잘 작동하나요?
- ☐ 보일러에 이상은 없나요?
- ☐ 수납 공간에 곰팡이는 피어 있지 않나요?
- ☐ 이상한 냄새는 나지 않나요?

부엌

- ☐ 환기팬과 가스레인지는 잘 작동하나요?
- ☐ 배수구는 물이 잘 내려가나요?
- ☐ 바닥이나 벽, 싱크대에 눈에 띄는 얼룩이나 흠집은 없나요?
- ☐ 수납장에 손상은 없는지, 수납장 문의 아귀는 잘 맞고 잘 여닫아지나요?
- ☐ 해충의 흔적이나 사체는 없나요?

수도 주변

- ☐ 욕실에 들어섰을 때 악취가 나지 않나요?
- ☐ 욕실에 곰팡이나 눈에 띄는 얼룩은 없나요?
- ☐ 욕실의 배수와 환기는 잘 되나요?
- ☐ 변기는 깨끗하고 물은 잘 내려가나요?
- ☐ 세면대나 거울은 깨끗한가요?
- ☐ 세면대 배수는 원활한가요?
- ☐ 타일에 깨진 부분은 없나요?

그 외

- ☐ 현관문은 부드럽게 잘 여닫아지나요?
- ☐ 열쇠는 잘 맞나요?
- ☐ 열쇠는 몇 개이며, 누가 보관하고 있고, 세입자가 모두 관리할 수 있나요?
- ☐ 보조자물쇠는 있나요? 없다면 설치 가능한가요?
- ☐ 기존의 좌물쇠를 떼어내고 디지털록을 설치할 수 있나요?
- ☐ 인터폰과 벨은 잘 작동하나요?

잠깐!!

신경 쓰이는 부분이 있다면 날짜가 들어간 사진을 찍어 기록을 남겨 놓으면 퇴거할 때 혹시라도 생길지 모르는 마찰을 방지할 수 있습니다. 또 상태가 좋지 않은 부분을 발견했다면 관리사무실이나 집주인에게 연락해 입주 전에 수리해 달라고 합시다.

 # 이사 준비를 시작해 볼까요?

새 집에 입주할 날이 결정되었다면 이사 준비를 시작합시다. 짐의 양에 맞게 생활용품의 운반 방법을 결정합니다.

 ## 이사 방법을 정해 볼까요?

짐이 적다면 택배

이사할 곳이 가깝거나 큰 가구가 없고, 짐의 양이 적다면 깨질 만한 물건이나 귀중품 몇 개만 빼놓고 혼자 포장 해서 택배로 보내는 방법도 있습니다.

아무래도 마음 편한, 이삿짐센터

짐이 많거나 이사할 곳이 멀다면 이삿짐센터에 맡기는 것이 가장 안심입니다.

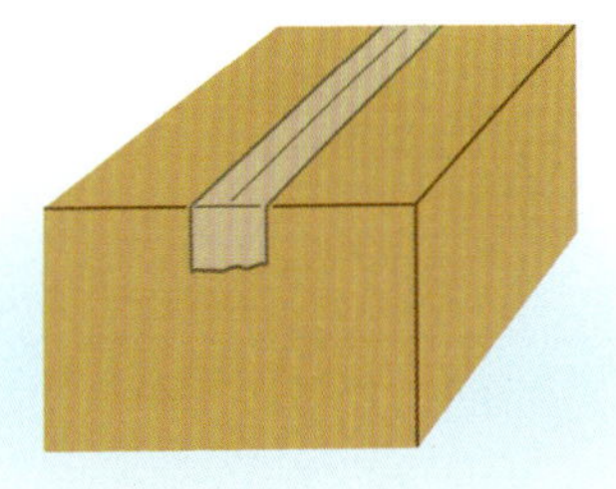

친구들과 함께 직접

자가용이나 렌터카로 가족이나 친구의 도움을 받습니다. 비용은 절약할 수 있지만 품이 많이 듭니다. 이사한 후 친구에게 인사도 잊지 맙시다.

여러 업체의 견적을 받아보세요.

이삿짐센터에 맡길 경우는 몇 군데 회사에 견적을 받아 봅시다. 견적은 무료니까요. 가격은 물론 업체의 친절도와 서비스도 확인해 볼 수 있습니다.

시즌이나 주말을 피하세요.

이사 시즌인 3월과 주말, 공휴일의 이사 비용은 좀 더 비싼 편입니다. 또 중요하게 생각하는 날 중 하나인 손 없는 날(음력으로 끝수가 9나 0인 날)도 평일보다 비쌉니다. 대신 평일이나 저녁 이후 이사 비용은 손없는 날이나 주말보다는 싸답니다.

이사업체를 고를 때는 이런 점도 생각해 보세요.

❶ 본래 살던 곳과 이사갈 곳 중 물가가 저렴한 지역의 업체가 저렴해요.

❷ 도착지에 연고를 두고 있는 업체가 좋습니다. 짐을 풀 때 서두르지 않고 여유를 갖고 풀어주기 때문이지요.

❸ 가격보다는 업체의 신뢰성을 판단하여 선택합시다.

❹ 허가증이 있는 업체인지, 피해보상보험에 가입되어 있는지 확인해 보세요.

❺ 계약서를 작성할 때 사후 보상 부분에 대하여 꼼꼼하게 살펴보세요.

❻ 이사 시간을 고려하여 계획을 세우세요. 밤에 이사를 시작해서 아침에 짐을 풀지, 아침 일찍부터 시작해서 저녁에 짐을 풀지를 결정해야 합니다.
또한 이웃에 양해를 받을 수 있는지, 이사한 다음 날이 평일인지도 고려해서 계획을 짜야겠지요?

 # 이삿짐을 싸볼까요?

이사 업체를 정하고 이사할 날까지 정해졌다면, 다음 단계는 짐 싸기입니다. 가구나 가전제품 같은 것은 당장 쌀 수가 없겠지요. 쌀 수 있는 것들부터 미리 짐을 싸둡시다. 이삿날이 임박해서 급하게 싸려고 하면, 일도 힘들 뿐 아니라 제대로 정리도 되지 않는답니다. 미리 차근차근 준비하도록 해요.
자, 그럼 짐을 쌀 때의 요령을 알려줄게요.

 ## 짐을 쌀 때는 이런 식으로 해 보세요.

서랍은 테이프로 고정

서랍에 든 것들은 자잘한 소품이 많아 분실 위험이 크고, 꺼냈다 다시 정리하기도 번거롭습니다. 이럴 땐 내용물을 꺼내지 말고 입구를 테이프로 고정하면 잃어버릴 염려도 없고, 정리도 간편하겠지요?

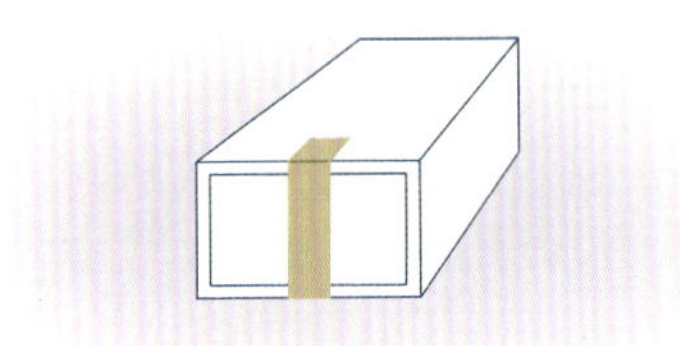

중요한 물건은 직접

귀중품은 하나로 모아 직접 옮기는 편이 가장 안전합니다. 분실된 후에는 업체에 보상을 요구하는 과정도 힘들고 보상을 받는 데까지 시간도 많이 걸립니다. 분실 전 미리 예방이 최선입니다.

책이나 시디는 작은 상자에

부피가 커지면 무거운 책이나 잡지, 시디 등은 작은 상자에 담읍시다. 큰 상자에 욕심대로 넣었다가는 짐을 다시 열어야 할지도 모릅니다. 작은 상자로 여러 번 옮기는 편이 허리에도 무리가 덜 갑니다.

당장 쓸 물건은 한 곳에 담기

이사 전날 필요한 것들은 이사한 날도 필요한 것일 가능성이 많습니다. 그러니 굳이 분류해서 짐을 싸기보다는 당장 필요한 것을 한 곳에 담아 싸는 것이 좋습니다.

보이고 싶지 않은 것은 잘 싸두기

속옷 등 낯선 사람에게 보이고 싶지 않은 물건은 잘 싸두고, 보관도 신경써서 합니다. 이사를 하다 보면 상자를 열어야 하는 경우도 있으니 조심합시다.

상자 겉면에 내용물을 써놓기

내용물이 무엇인지 써 두면 짐 풀기가 쉽습니다. 짐을 두어야 할 곳이 어디인지, 지금 풀어야 할지 나중에 풀어도 될지 구분할 수 있습니다.

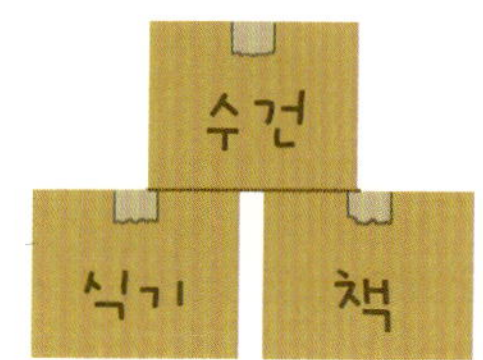

이사 전에 새 집에 대해서 알아둬야 할 것이 있나요?

집 앞 주차 허용 시간

짐을 내리는 동안 집 앞에 이사용 트럭이 서 있어야 합니다. 허용 시간이 짧다면 집에서 멀리 떨어진 곳에 세워야 하겠지요? 이럴 경우 별도의 주차요금이 붙을 수도 있습니다.

통로와 가구의 길이

건물의 입구, 엘리베이터, 통로, 계단, 문으로 가구가 들어갈 수 있는지 체크해 두어야 합니다. 창으로 넣어야 할 경우는 지게차 등 별도의 장비가 필요할 수 있으며, 이 경우에는 추가 요금이 발생합니다.

쓰레기 배출 장소와 시간

이사를 하면 짐을 쌌던 상자 외에도 다양한 쓰레기가 나옵니다. 요즘은 지역별로 쓰레기의 종류에 따라 배출일과 시간, 장소가 정해져 있지요. 마음대로 쓰레기를 내놨다가는 이웃이나 관리사무소와 얼굴을 붉히게 될 수도 있습니다. 이사 전에 쓰레기 배출 장소와 시간을 알아 두면 이사 후 짐정리가 편하답니다.

 # 복잡한 관공서 서류 처리, 한눈에 쏙!

이사는 짐을 나르고 정리하는 것으로 끝나는 게 아니랍니다. 전입신고도 해야 하고, 가스와 수도, 인터넷도 다시 연결해야 합니다. 할 것은 많고 너무 복잡해서 기억하기 어려운가요? 그래서 한눈에 볼 수 있도록 정리했습니다.

전입신고

주민등록증, 도장, 운전면허증(소지자 한함)을 가지고 이사한 지역 주소지의 주민센터를 방문합니다. 인증서가 있다면 민원24(www.minwon.go.kr)에서도 전입신고를 할 수 있습니다.

확정일자 받기

이사 후 계약서를 지참하고 관할 주민센터를 방문하여 확정일자를 받습니다. 확정일자를 받아두어야 임대한 집에 문제가 생길 경우 주택임대차 보호법상의 우선변제요건에 해당될 수 있습니다. 전입신고를 할 때 확정일자도 함께 받습니다.

우체국에 이전 신청

우체국이나 집배원, epost.kr에 주소지 이전을 신고하면 3개월간 무료로 이전 주소지로 배달된 우편물은 이사한 곳으로 보내줍니다. 그 이후는 연장신청이 불가능하며, 발신자에게 반송됩니다.

가스회사에 연락

가스 개통에는 입회인이 필요합니다. 자신이 갈 수 없을 때는 누군가에게 부탁할 수도 있습니다. 이사 당일 개통하려면 미리 연락해 두어야 합니다.

전기회사·수도국에 연락

대개는 수도나 전기가 연결되어 있으니 체납요금이 있는지만 확인하면 됩니다. 하지만 혹시 모르니 연결 여부를 확인해 둡시다.

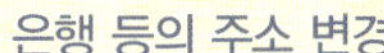

은행 등의 주소 변경

은행이나 신용카드 회사, 휴대전화회사 등의 주소 변경도 잊지 맙시다. 인터넷이나 전화로 가능합니다. 이런 불편을 없애려면 평소 인터넷 고지서를 이용하는 방법도 있습니다.

운전면허증의 주소 변경

전입신고를 할 때 함께 주소지 변경이 가능합니다. 면허증 갱신을 위해서도 새로운 주소 등록이 꼭 필요합니다.

인터넷 업체에 연락

현대인의 필수품, 인터넷. 인터넷 연결에는 생각지도 않은 시간이 걸립니다. 통신업체부터 골라야 하는 경우라면 서두릅시다.

그 밖에 이곳에도 연락을!

평소 이용하고 있는 온라인 쇼핑몰, 자주 이용하는 가게, 학교나 직장에도 주소 변경을 신청해 둡시다.

 # 새 집의 필수 아이템을 소개합니다.

이사를 하고 나면 필요한 것들이 많이 떠오를 것입니다. 풀옵션인 경우에는 그렇지 않지만, 옵션이 없는 집의 경우 사야 할 것들도 많지요. 하지만 반드시 필요한 것 외에는 구입을 미루고 가지고 있는 것들만으로 생활해 보세요. 당장은 필요한 것 같았지만, 살다 보면 그다지 자주 쓰지 않는 것들도 있답니다.

가구와 침구

커튼

이사를 한 당시에는 커튼이 없기 때문에 방이 훤히 보일 수밖에 없습니다. 그러니 집이 결정되면 커튼을 달 위치를 정하고 크기를 재어 미리 주문해 두었다가, 이사하는 즉시 커튼을 설치하는 편이 좋겠지요? 자는 모습이나 생활하는 모습이 남들에게 보이는 건 곤란하니까요.

침구

침구는 계절에 맞는 것으로 구비합니다. 혼자 살면 이불 전체를 세탁하는 것이 생각보다 쉽지 않습니다. 그러니 자주 세탁할 수 있는 이불 커버와 시트를 구비하는 것도 잊지 맙시다. 손님용 이불과 베개 한 채 정도 마련해 두면 친구들이 놀러왔을 때 좋겠지요?

테이블

밥을 먹을 때, 글을 쓸 때, 컴퓨터를 이용하거나 인
터넷을 할 때 필요합니다. 접을 수 있는 테이블이나
상을 마련해 두면 공간을 절약할 수 있지요? 풀옵션
인 집에는 아일랜드식 식탁이나 테이블이 마련되어
있는 경우도 있고, 책상과 책장이 구비되어 있는 경
우도 있습니다.

가구를 살 때 주의점

크기는 쟀나요?

가구는 눈대중이나 어림짐작으로 결정해서는 곤란합니다. 넓은 가게에서는 작아 보이지만 집에 가
져가 자리에 놓으면 부담스러워질 수 있거든요. 이사 전 집을 보러 갔을 때 넣을 장소를 직접보고,
가구도 직접 재어 구매합시다.

옮길 수 있을까요?

이사갈 집을 방문했을 때, 현관문과 엘리베이터 문의 크기를 알아두어야 합니다. 가구를 현관문으
로 넣을 수 있는지, 엘리베이터에 실을 수 있는지도 알아야 하기 때문이지요. 업체에 배달을 부탁
할 경우 별도 요금이 발생합니다.

너무 많이 산 건 아닌가요?

우선은 최소한의 가구로 살아볼 것을 권합니다. 새로운 생활 스타일에 따라서 쓰일 가구가 다르기
때문이지요. 그러려면 새 집에서 얼마간 생활을 해 보는 게 좋답니다. 생활 스타일이 결정되고 인
테리어 방향이 보이기 시작할 때 사도 늦지 않으니까요.

냉장고

240〜300리터 정도 되는 소형 냉장고를 준비하는 것이 좋습니다. 개인의 생활 습관에 따라 다르겠지만, 혼자 자취생활을 하는 경우는 음식을 얼려서 보관하는 경우가 많으므로 냉장고보다는 냉동실이 넓은 편이 편리합니다.

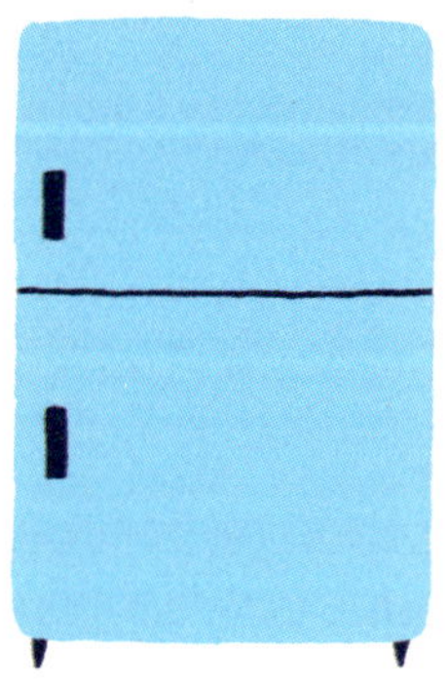

세탁기

1인용 세탁기라면 8킬로그램 정도의 용량이면 충분합니다. 용량이 큰 세탁기는 한 번에 돌릴 때 물과 세제를 훨씬 더 많이 사용한다는 것 잊지 마세요. 큰 이불 빨래는 근처 세탁소나 빨래방을 이용하면 좋겠지요?

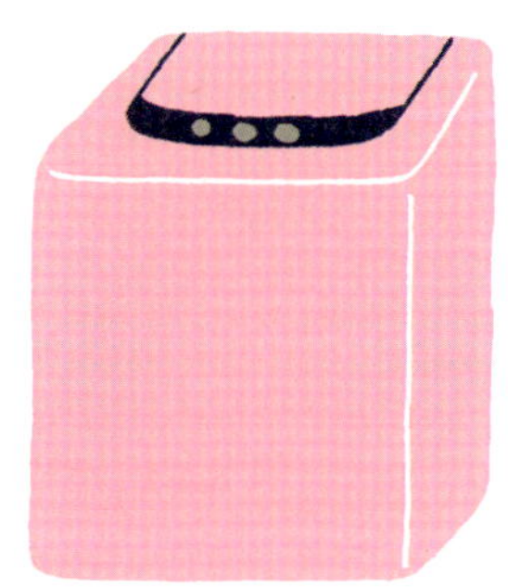

전자레인지/전기 오븐

빵이나 과자를 만들 게 아니라면 데우는 기능이 있는 전자레인지면 충분합니다. 하지만 식사에서 빵의 비율이 높다면 전기오븐을 사는 것도 고려해 볼만 합니다.

텔레비전

집의 크기에 맞춰 고릅니다. 별로 잘 안 본다면 컴퓨터나 DMB를 이용하는 것도 한 방법입니다.

일회용품

이사한 후에는 휴지가 많이 필요합니다. 수건도 2~3일 세탁하지 않아도 될 만큼 충분히 준비합니다. 또 이사 직후에는 쓰레기가 많이 나오니, 용량이 큰 종량제 봉투를 준비해 두면 편리합니다.

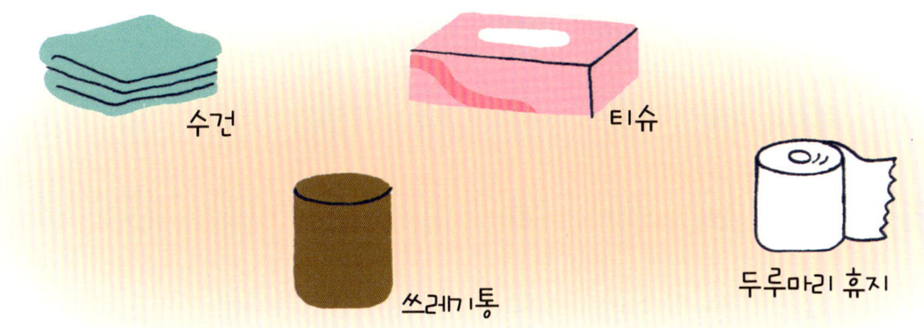

청소, 세탁용품

입주 당일, 가구나 짐을 옮기기 전 청소는 필수입니다. 나중에 청소하기는 힘드니까요. 이사한 후 바닥은 무척 지저분하기 때문에 청소기와 손걸레 외에도 바닥 청소용 밀대걸레가 필요합니다. 스펀지는 주방용과 욕실용을 준비합니다. 이사 후에는 빨랫감이 많이 나오니 세탁과 건조에 필요한 물품도 챙겨둡시다.

꼭 필요하다고? 그렇지는 않아요.

가스레인지는 반드시 2구 이상?

혼자 살기 시작하면서 직접 음식을 해 먹으며 다이어트를 하려고 했어요! 요리를 하려면 아무리 못해도 화력이 좋은 가스레인지에 2구 이상 있어야 한다고 생각했습니다. 하지만 막상 생활을 시작해 보니 요리할 시간도 잘 없고, 요리를 해도 남아서 버리게 되는 경우가 많아졌습니다. 결국 생각했던 것보다 요리는 잘 하지 않게 되었네요. 고집 피울 필요가 없었어요.

동물과 살 수 있을 것?

독립을 하면 고양이를 키우겠다고 생각하고 있었습니다. 그래서 동물을 키우는 것을 허락하는 매물을 골랐지요. 하지만 밖에서 보내는 시간이 너무 많아서 아직 고양이를 데려오지 못했습니다. 한편으로는 다른 집의 고양이나 개의 울음소리며 냄새가 신경 쓰이네요.

공원 앞일 것?

벽이 보이는 주택가 밀집지역은 갑갑할 것 같았습니다. 그래서 눈앞이 넓게 트이고 집에 앉아서도 창밖으로 녹음을 볼 수 있는 곳을 골라서 결정했습니다. 그런데 실제 살아 보니 늦게까지 떠드는 사람, 여름이면 울어대는 매미 때문에 무척 시끄럽습니다. 게다가 등을 켜두고 있으면 해충도 많이 날아듭니다.

오래된 것이 좋아?

앤티크를 좋아하기에 오래된 가구에 맞춰 집도 오래된 것을 고집해서 집을 골랐습니다. 새 집은 어쩐지 삭막해 보이고, 건강에도 안 좋을 것 같았거든요. 하지만 집을 수리할 일이 많이 생기고, 군내가 나고, 욕실은 냉기가 돌아 씻기 불편합니다. 불청객인 벌레도 종종 나오고요. 하지만 가구들과 분위기가 통일되어 있다는 점에는 만족합니다.

바닥은 반드시 흰색?

인테리어에 공을 들이고 싶었기에 바닥이 희고 깔끔한 집에 반했습니다. 그렇지만 실제로는 금방 더러워지고 깨끗하게 지워지지 않더군요. 아무리 조심해도 금세 얼룩이 집니다. 인테리어에 신경을 쓰고 싶었는데 잘 치우지 않을 땐 지저분한 느낌만 듭니다.

PART 2
두근두근
인테리어

인테리어, 무엇부터 시작하죠?

처음으로 혼자 살게 되면, 집을 자기 마음대로 꾸밀 수 있다는 것에 들떠 여러 가지 생각을 하게 됩니다. 벽의 색깔, 벽지의 재질, 바닥의 소재와 색깔, 창틀, 창의 크기, 창의 방향 등 이제까지 꿈꿔왔던 다양한 스타일을 시도해 보고 싶겠지요. 하지만 무엇보다 집과 어울려야 하는 것 잊지 마세요.

 **인테리어의 기본 상식을 알아볼까요?**

색은 통일

색을 맞추면 방에 통일감이 생깁니다. 통일감이 생기면 방이 넓어 보이고 단정한 느낌이 들지요. 그러니 전체의 느낌을 결정하는 테마 컬러를 먼저 정해 두고 인테리어 할 것을 생각하는 편이 좋습니다. 테마 컬러는 벽이나 바닥의 소재에 가까운 색이 좋습니다.

포인트는 소품으로!

원룸 형태의 좁은 집은 넓어 보이는 흰색으로 통일하는 경우가 많은데, 이럴 경우 다소 밋밋해 보일 수 있습니다. 이때 채도가 높고 선명한 색깔의 조명이나 소파 커버, 이불, 방석, 쿠션 등으로 포인트를 주면 눈길을 사로잡을 수 있을 뿐 아니라 공간을 더욱 넓어 보이게 해 줍니다!

구매는 신중하게

테이블이나 소파, 침대 같은 커다란 가구는
한 번 들여놓고 나면 다시 옮기기 어렵습니
다. 러그나 커튼 역시 일단 한 번 방에 들이
고 나면 환불하기도 어렵고 바꾸기도 어렵
습니다. 당장 급한 것이 아니라면 일단 살아
보고 자신의 생활 스타일이나 취향이 보이
기 시작하면 사는 것을 추천합니다.

높이나 깊이를 비슷하게

선반이나 가구를 놓을 때 가능하면 높이를 맞추는 편이 깔끔해 보입니다. 높이가 다르면 시선이 분
산되어 너저분한 인상을 줄 수 있습니다. 또한 가구의 앞 뒤 폭도 맞추는 편이 좋습니다. 벽에 놓
았을 때 가구의 끝선이 울퉁불퉁하면 지저분해 보일 수 있습니다.

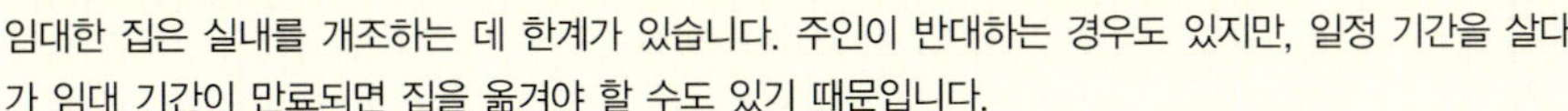

임대한 집이라면?

임대한 집은 실내를 개조하는 데 한계가 있습니다. 주인이 반대하는 경우도 있지만, 일정 기간을 살다
가 임대 기간이 만료되면 집을 옮겨야 할 수도 있기 때문입니다.

NG 무계획적 가구 배치로 동선이 흐트러지는 레이아웃

햇살과 바람을 많이 받을 수 있는 위치에 침대를 놓았군요. 과연 이런 배치는 어떨까요?

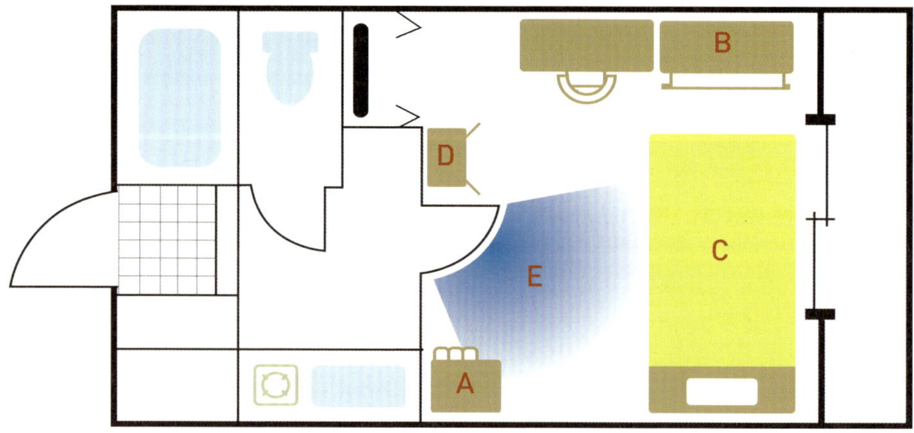

A 책장과 책상이 떨어져 있어 자료가 필요할 때면 매번 일어서서 책을 가지러 가야만 하는군요. 일이나 공부의 효율이 무척 많이 떨어질 것 같지 않나요?

B 침대와 서랍장의 위치가 너무 가까워 서랍을 빼기가 어려워 서랍 안쪽까지 충분히 볼 수 없겠어요.

C 침대가 베란다를 막고 있어 불편할 것 같지 않나요? 계절가전이나 부피가 큰 휴지, 택배상자 등은 주로 베란다에 보관합니다. 침대가 베란다 입구를 막고 있으니 오가기도 어렵고, 물건을 옮기기도 어렵겠지요.

D 문 뒤쪽에 가구가 있어 힘껏 열면 문이나 가구에 흠집이 생길 가능성이 있습니다. 90도 정도로 살짝만 연다면 큰 문제가 없겠지만, 언제나 문 여닫는 각도를 신경쓰며 살 수는 없겠지요.

E 현관에서 침대가 바로 보입니다. 전기나 가스를 검침하러 온 검침원이나 택배나 음식을 배달하는 배달원이 집에 들어오는 순간 가장 사적인 공간인 침대가 바로 보일 수 있겠지요?

정리가 잘 되어 원활하게 움직일 수 있는 레이아웃

공부나 작업의 효율을 고려하고, 움직일 때 거치적거리는 것이 없도록 배치했습니다.
과연 이런 배치는 어떨까요?

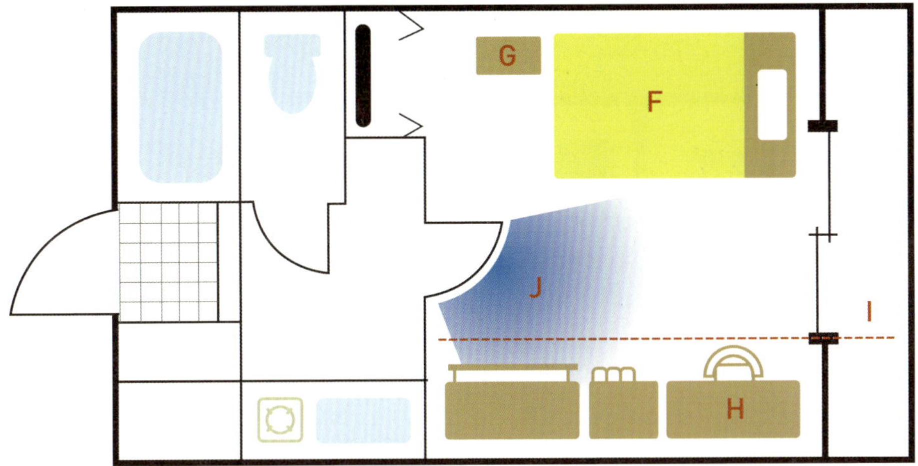

F 현관문을 열고 집을 바라보았을 때 침대는 문 뒤쪽에 있어 어지간하면 침대가 보이지 않네요.
게다가 베란다로 가는 문도 잘 확보되어 있어 출입하기 편리하겠군요.

G 옷장은 문 뒤쪽이 아닌 침대 발치에 놓여 있습니다. 옷장 문을 여닫는 데 거슬리는 점이 없고,
침대 근처에 있어 잠옷이나 실내복, 속옷 등을 보관하기 편리합니다.

H 책상 옆에 책장을 놓아 자료가 필요할 때면 바로 찾아 쓸 수 있습니다. 책상에서 한 번 일어
나면 돌아가서 다시 앉아 집중하기 얼마나 힘든지 알지요?

I 벽에 최대한 가구를 붙여서 바닥을 많이 보일 수 있도록 했군요? 좁은 집이지만 빈 공간이 보이
면 조금은 더 넓고 넉넉해 보일 수 있지요.

J 집의 입구부터 베란다까지 걸리는 물건이나 가구가 없이 깔끔하게 비워져 있습니다. 일단 현관
에 들어섰을 때 시원하고 편안해 보일 것입니다.

낮은 가구를 사용해요.

넓지 않은 장소에 높은 가구를 놓아두면 압박감
이 생깁니다. 선반은 낮고 긴 타입을 고르도록
노력합시다.

창을 막지 말아요.

창 앞에 가구를 놓으면 편안한 느낌이 들지 않고 답답하고 갇힌 느낌이 듭니다. 창의 위치를 고려
해 가구를 고르고 배치합시다.

바닥이 보이는 가구를 골라요.

바닥 전체를 덮어 버리는 타입의 가구가 아니라 다리 사이로 바닥이 보이는 가구를 고르면 집이
넓어 보입니다.

압박감이 들지 않는 색으로 정돈해요.

진한 컬러로 통일하면 분위기는 유행하는 북유럽풍의 시크한 분위기를 연출할 수 있을지도 모릅니
다. 하지만 공간이 좁아 보일 수 있습니다. 내추럴 컬러를 많이 사용하면 비교적 더 넓어 보입니다.

옷걸이를 놓아요.

외부에서 입었던 옷을 바로 옷장에 넣으면 이염될 수 있습니다. 귀가한 바로 그 자리에 서 옷걸이에 외투를 걸면 여러모로 편리합 니다. 외투뿐 아니라 가방을 걸어 둘 수도 있습니다. 다만 지나치게 많이 걸지 않도록 주의해야겠죠?

안 쓰는 공간을 활용해요.

좁은 집에서는 공간 활용이 중요합니다. 침 대와 소파 아래처럼 안 쓰는 공간에 서랍이 나 박스를 넣어 책이나 잡지, 계절이 지난 옷들을 수납해 보세요. 안쓰던 공간이 새로 운 공간으로 재탄생합니다.

철 지난 것들은 트렁크에 보관해요.

공간을 많이 차지하지만 실제로 사용하는 횟수는 한 해에 몇 번 되지 않는 여행용 트렁크도 좋은 보관함이 될 수 있습니다. 철 지난 옷들이나 가방 등을 넣어두면 딱! 대신에 밖에서는 볼 수 없으니 무엇이 들어 있는지 메모해 두는 것 잊지 마세요!

선반을 놓아 남은 공간도 사용해요.

벽장이나 옷장은 다양한 사람들의 여러 가지 용도를 수용해야 하기 때문에 그 안의 공간이 자기가 쓰고 싶은 대로 구획되어 있지 않습니다. 선반과 상자를 넣어 자질구레한 것들을 수납하면 깔끔합니다.

# 02 라이프스타일을 고려해서 인테리어해요.

아무리 멋진 인테리어라도 자신의 생활에 맞지 않으면 살기 힘든 집이 됩니다. 라이프스타일에 맞춘 집 꾸미기를 해 봅시다.

 ## 요리와 가사를 좋아하는 스타일

요리를 좋아하고, 매일 식사를 집에서 제대로 하고 싶은 사람에게는 다이닝 테이블을 중심으로 한 인테리어를 추천합니다. 상판을 접을 수 있는 버터플라이 타입이라면 공간에 대한 부담을 덜 수 있고, 식사뿐 아니라 공부나 일 등의 작업에도 활용할 수 있습니다. 의자는 자신의 것 하나와 친구를 부를 때 쓸 스타킹 스툴을 준비하면 됩니다.

Style Check

- ☐ 요리를 즐기고 요리로 스트레스를 해소한다.
- ☐ 식사 시간이 하루 중 가장 즐겁다.
- ☐ 사람들에게 음식을 대접하는 것이 뿌듯하다.
- ☐ 도시락을 직접 준비한다.
- ☐ 다이어트나 채식주의 등의 이유로 식이조절을 한다.

스타킹 스툴

겹쳐서 보관할 수 있는 스툴은 공간 절약에 좋습니다. 평소에는 겹쳐서 보관하고 손님이 오면 스툴을 분리해서 의자로 사용합니다.

웨건

미니키친에 다 수납할 수 없는 식재료나 식기는 키친 웨건에 보관합시다. 웨건은 사이드 테이블로도 활용할 수 있습니다. 마음에 드는 물건을 '보이게 수납'하는 것은 또다른 즐거움이 될 것입니다.

다이닝 세트

접는 식의 버터플라이(날개) 테이블과 의자 세트를 구비해 놓으면 어떨까요? 식탁으로 사용할 수도 있지만, 요리 외에도 다양한 용도의 작업대로 이용할 수 있습니다. 보통 때는 날개 부분은 접고 쓰다가 손님이 오면 펼쳐서 활용할 수 있습니다.

A
B
C
42

분위기 있는
원 테이블 레스토랑

A 분위기를 살려주는 식물
B 손님을 위한 스타킹 스툴
C 공간 활용이 자유로운 다이닝 세트
D 보여주기 수납을 위한 웨건

 ## 집에서도 공부나 업무를 생각하는 스타일

시험공부나 과제, 직장에서 가져온 일거리 등 집에서도 작업하는 일이 많은 사람에게는 책상이 필수입니다. 작업용 책상보다는 다른 용도로도 활용할 수 있는 심플한 디자인을 고를 것을 추천합니다. 책상서랍 대신 서랍장을 조합하면 자질구레한 도구들을 말끔히 정리할 수 있습니다. 방을 선반으로 구획하면 생활에 맺고 끊음이 생깁니다.

Style Check

- ☐ 컴퓨터를 보고 있는 시간이 길다.
- ☐ 집에서도 공부나 일을 한다.
- ☐ 자질구레한 소품들을 말끔히 수납하고 싶다.
- ☐ 화려하고 예쁜 것보다는 단순하고 깔끔한 것이 좋다.

심플한 테이블과 서랍 유닛

뻔한 작업용 책상보다는 심플한 1인용 테이블 쪽이 혼자 사는 집에는 잘 어울립니다. 게다가 가격도 부담이 덜하지요. 자잘하게 분류해서 수납할 수 있는 서랍장도 사면 책상 주변을 정리정돈하기에도 편리합니다. 테이블 위에 잡다한 물품이 너저분하게 널려 있으면 아무래도 스트레스가 쌓이지요.

구획을 나눌 수 있는 선반이나 낮은 책장

책상 옆에 바로 침대가 있으면 일을 하다가 조금 쉴까? 하는 사이에 그만 잠들어 버리는 일이 곧 잘 생깁니다. 그리고 일을 하는 공간과 쉬는 공간을 분리하지 않으면 쉬는 공간도 일거리로 쉽게 어지럽혀질 수 있을 뿐만 아니라 일의 능률도 별로 오르지 않는답니다. 물건을 정리할 수 있는 오픈 선반이나 낮은 책장 등으로 '작업하는 곳'과 '자는 곳'을 확실히 구분합시다.

워킹 체어

집에서 컴퓨터를 하거나 공부를 하는 시간이 길다면, 작업용 의자에 좀 더 투자를 하는 편이 좋습니다. 앉는 느낌도 중요하지만 척추에 무리를 주지 않아야 피로도 덜하기 때문이지요. 그러면서도 너무 사무실 느낌이 나지 않는 것을 골라야겠지요?

A
C

나를 위한
최고의 홈 오피스

A 수면에 집중할 수 있게 깨끗하게 정리된 침대
B 집의 구획을 나눈 책장
C 멋도 생각한 편안한 워킹체어
D 책상보다 멋스러운 테이블과 서랍장

친구들과 모임을 즐기는 스타일

친구들과 밤새워 수다를 떨면서 즐거운 시간을 보내려 할 때, 제일 중요한 것은 충분한 공간과 안락한 앉을 자리입니다. 사람이 모이는 집으로 만드는 포인트는 '안락함' 입니다. 커다란 가구는 낮은 테이블만으로 충분합니다. 가구가 적은 만큼, 러그 매트나 쿠션으로 포인트를 주세요. 쿠션이나 러그, 작은 소품에 따라 집의 분위기가 바뀔 수 있습니다.

Style Check

- ☐ 바닥에 앉는 것이 편하다.
- ☐ 잘 때는 요와 이불도 괜찮다.
- ☐ 친구들이 많이 모이는 사랑방으로 꾸미고 싶다.
- ☐ 침대나 소파 같은 대형 가구를 놓기에는 공간이 충분히 넓지 않다.

낮은 테이블

모두가 모이는 집의 중심에는 낮은 테이블을 놓습니다. 100센티미터 정도의 사이즈면 4명은 앉을 수 있습니다. 둥근 탁자는 아기자기하고 편안한 분위기를 조성하고, 네모난 탁자는 공간을 활용하기 좋습니다. 테이블이 낮기 때문에 공간을 덜 차지하는 것처럼 보이게도 하고, 테이블 위에 수납을 할 수도 있습니다.

러그 매트

촉감 좋은 폭신폭신한 타입을 고르면 안락함을 높일 수 있습니다. 또한 색깔에 따라서 방의 인상을 바꿀 수 있지요. 화려하고 선명한 색 계열은 포인트가 될 수 있고, 파스텔 톤의 화사한 계열은 여성스럽고 화사하며 안정적인 분위기를 만듭니다.

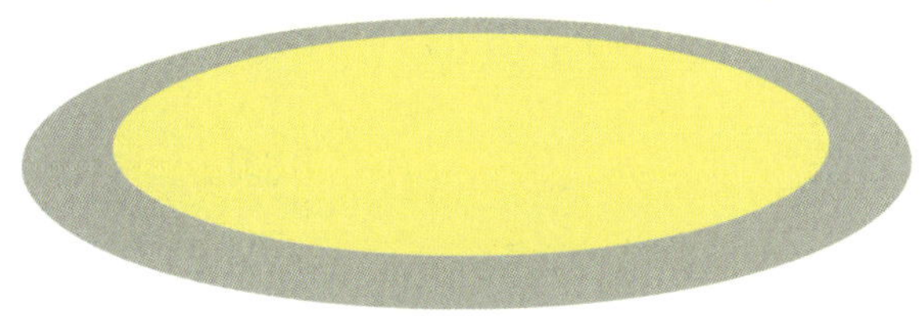

쿠션과 소품

낮은 테이블과 러그만으로는 썰렁하거나 단조로울 수 있습니다. 또 오래 앉아 있다 보면 기대거나 껴안을 것을 찾기도 하지요. 무늬 있는 쿠션을 몇 개 정도 갖춰서 집에 입체감을 줍시다.

A
D

화목하고 따뜻한
모두의 커뮤니티룸

A 쉽게 수납하고 쉽게 찾을 수 있는 옷걸이
B 집이 넓어 보이는 낮은 가구
C 따뜻하고 안락한 러그와 쿠션
D 여러 사람이 편안하게 둘러앉을 수 있는 테이블

혼자만의 시간을 즐기는 스타일

가족이나 하우스메이트와 함께 살면서 시끌시끌 복작복작하게 사는 생활도 즐겁지만, 혼자서 느긋하게 지내는 싱글 라이프도 즐겁습니다. 푹신한 소파에 앉아 한가롭게 시간을 보내며 차나 커피를 마시는 여유로운 생활을 꿈꾼다면, 이런 부분을 신경 써서 인테리어를 해 봅시다.

Style Check

- ☐ 소파는 꼭 놓고 싶다.
- ☐ 친구들을 불러 떠들썩하게 노는 것은 밖에서 하는 것으로 충분하다.
- ☐ 혼자만의 시간을 갖는 것이 가장 중요하다.
- ☐ 카페 풍의 인테리어가 좋다.
- ☐ 외로움을 별로 타지 않는다.

일인용 소파

용도는 한정적인데 비해 장소는 많이 차지합니다. 공간이 넓지 않다면 다리가 달려 있어서 압박감이 덜하고 바닥이 보여서 공간이 넓어 보이는 소파를 선택합시다. 제법 크기가 있는 만큼 놓을 곳의 위치를 몇 군데 미리 정해 두고 사이즈를 재어 두었다가, 방의 크기에 맞는 소파를 선택하도록 합시다.

차와 테이블

테이블은 소파에 앉아서 차를 마실 때를 고려해 딱 맞는 높이의 것을 고릅니다. 소파를 놓지 않는다면 앉아서 차 마시기 좋은 정도의 높이로 고릅니다. 테이블 아래에 선반이 달린 타입이 공간을 활용할 수 있을 뿐 아니라 차나 커피와 관련된 관련 물품을 수납할 수 있어 편리합니다. 수납용으로 사용하지 않는다면 읽을 책이나 잡지 등을 놓아둘 수도 있습니다.

플로어스탠드

플로어에 놓는 스탠드 하나만으로 집의 분위기를 훨씬 세련되게 만들 수 있습니다. 낮에는 멋스러운 인테리어 소품으로, 밤에는 분위기를 잡을 수 있는 조명으로 활용됩니다. 소파와 어우러지면 공간의 포인트가 될 수 있지요.

D
B
A

나만을 위한 카페

A 오직 나만을 위한 일인용 소파
B 평온한 시간의 동반자인 차와 테이블
C 분위기를 좌우하는 플로어스탠드
D 눈과 마음의 피로를 풀어주는 녹색식물

인테리어 팁을 공개합니다.

다른 사람들과 살 때는 편리함 때문에, 혹은 다른 취향 때문에 시도해 볼 수 없었던 인테리어들을 시도해 봅시다. 혼자만의 개성 있는 인테리어를 시도해 보는 것만으로도 방 꾸미기가 즐거워질 수 있습니다. 자신만의 개성을 드러내는 인테리어가 처음이라 엄두가 나지 않는 분들을 위해 약간의 요령을 소개합니다.

마음에 드는 천을 이용해 보세요.

살다 보면 자연스레 잡다한 물건이 생기게 마련입니다. 처음에는 선반이나 서랍장에 보관하지만, 점차 늘어나 결국 공간박스 등에 보관하게 되기도 합니다. 이럴 때, 그 위에 마음에 드는 천을 덮어 보세요. 자질구레한 느낌도 사라지고, 먼지가 쌓이는 것도 방지할 수 있습니다.

보여주기 수납을 시도해 보세요.

깔끔한 수납의 기본은 넣고 닫고 감추는 것입니다. 하지만 귀걸이나 반지, 팔찌, 목걸이 같은 액세서리는 넣어두기보다는 밖에 꺼내어 '보여주기 수납'을 하면 어떨까요? 일반적인 수납으로는 액세서리들끼리 얽혀 파손 사고가 나기도 하는데, 보여주기 수납은 그런 사고를 예방할 수도 있습니다. 뿐만 아니라 인테리어의 포인트가 되기도 하지요. 다만 지나치게 늘어놓지 않도록 엄선합시다.

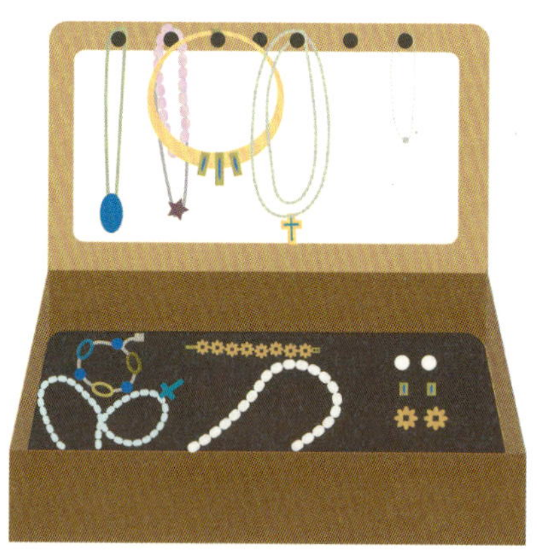

소품은 같은 간격으로 놓아요.

건조하고 무난해 보일 수 있는 인테리어의 포인트가 되는 소품. 하지만 청소하기가 까다로운 것은 물론이고 자칫 잘못하면 지저분해 보일 수 있습니다. 소품을 놓을 때는 같은 간격으로 놓는 것이 가장 이상적입니다. 그것만으로도 단정한 인상을 줄 수 있지요. 특히 부피가 큰 소품이라면 배치와 간격에 신경씁니다.

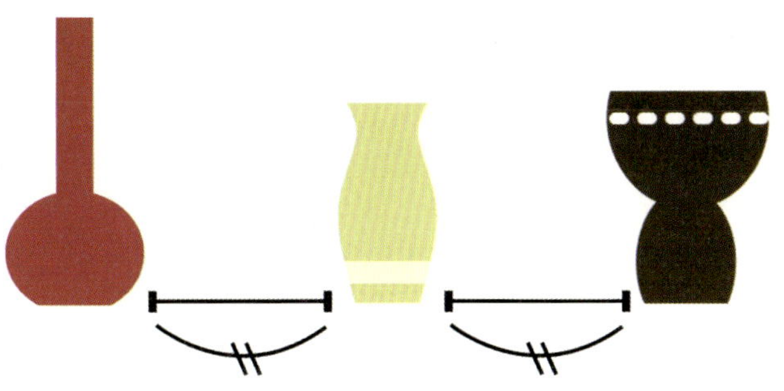

상품용기가 아닌 마음에 드는 용기에 담아 볼까요?.

상품 용기 중에도 예쁜 것이 많지요. 하지만 다양한 브랜드의 용기가 섞이면 다양한 크기와 높이 때문에 중구난방으로 보이기 십상입니다. 뿐만 아니라 용기 겉면에 요란하게 표시된 광고문구가 섞여 제각각으로 보이기도 합니다. 심플하고 통일성 있는 용기로 바꿔주는 것만으로도 분위기가 달라집니다.

혼자 생활을 하다 보면 자질구레한 물건들을 많이 가지고 있게 됩니다. 간단한 수선을 위한 공구나 바느질용품 등은 용도별로 박스에 담아서 보관합시다. 이때 박스는 선반의 사이즈에 맞추는 편이 깔끔해 보입니다. 선반의 길이와 너비를 정확히 잰 후 그에 맞추어 상자를 준비하고, 그 속에 보이고 싶지 않은 것들을 수납합니다.

구획을 나눌 때는 선반이나 책장을 이용해요.

먹는 곳과 자는 곳, 쉬는 곳과 일하는 곳을 구분하는 것은 무척 중요합니다. 장소가 섞여 버리면 제대로 쉴 수가 없기 때문이지요. 이렇게 공간을 구분할 때 선반이나 책장을 이용해 봅시다. 남에게 보이고 싶지 않은 것, 너무 개인적이라서 바로 드러나는 것이 곤란한 것 등을 가릴 때의 용도로써 봅시다.

집을 임대하면 대개는 평범한 형광등이나 밋밋하고 일반적인 등이 달려 있게 마련입니다. 형광등보다는 백열등을 사용하면 아늑한 분위기를 낼 수 있지요. 뿐만 아니라 분위기에 따라 조명이 깔끔한 인테리어의 마침표 역할을 할 수 있습니다.

러그나 소파커버 같은 소품, 쿠션이나 벽걸이 시계 같은 작은 물건에 원색의 비비드 컬러를 사용해 봅시다. 방에 리듬감이 생기며 인테리어에 포인트를 줄 수 있습니다.

넓지 않은 집이지만 아무것도 하지 않고 편히 쉴 수 있는 장소를 정해 둡시다. 의자와 사이드 테이블만으로도 편안한 공간이 연출될 수 있습니다.

임대한 집은 여러모로 인테리어를 하기 조심스럽습니다. 특히 벽은 벽지를 훼손할 수 있다는 생각 때문에 죽은 공간이라고 생각하기 쉽습니다. 하지만 직접 붙여도 벽에 상처가 나지 않는 접착시트나 리픽스오피스, 블루택으로 마음에 드는 커팅시트나 포스터 등을 붙여 인테리어를 시도해 볼 수 있답니다.

박스는 같은 제품을 사용해요.

옷장의 공간은 한정되어 있고, 물건은 계속 늘어납니다. 옷장에 다 넣지 못한 소품이나 옷 등을 수납할 때는 같은 박스를 여러 개 사서 수납하는 것이 좋습니다. 같은 박스로 정리하는 편이 통일감이 생겨 깔끔해 보입니다.

식물을 길러볼까요?

미니선인장이나 걸어 두는 화분 등으로 쓰지 않은 공간에 생기를 더할 수 있습니다. 모서리나 창 근처에 관리가 간단한 다육식물, 산세베리아 등과 같은 녹색식물을 장식하는 것만으로도 분위기가 온화해지기도 하지요. 살아 있는 식물이 부담스럽다면 드라이플라워나 조화라도 좋습니다.

옷걸이는 같은 것을 사용해요.

같은 재질과 디자인의 옷걸이를 사는 편이 통일
감을 주어 좋습니다. 옷걸이는 가능하면 철제나
플라스틱보다는 목제로 된 것을 고릅니다. 목제
로 된 옷걸이는 문지방이나 벽에 걸어 두어도 위
화감이 없고, 덜 조잡해 보입니다.

전자제품은 한군데에 모아요.

텔레비전이나 오디오, 프린터, 컴퓨
터 같은 무기질의 가전제품은 한곳
에 모아두는 편이 편리할 뿐 아니
라 보기도 좋답니다. 한 콘센트에
너무 많은 가전을 연결하면 전압에
문제가 생길 수 있고, 리드줄이 나
와 있으면 지저분해 보일 수 있으
니 콘센트의 위치와 개수를 염두에
두고 작업합시다.

향기 인테리어를 시도해 보세요.

맑은 공기는 쾌적한 집을 만드는 기본입니다. 하지만 아무리 환기를 자주 한다고 해도 좁은 집에는 쉽게 냄새가 고이고 맙니다. 미리 청결한 환경을 만들고 자주 환기를 해야겠지만, 아로마 오일이나 룸 스프레이를 사용하는 것도 한 방법입니다. 오래된 향수로 방향제나 인퓨저도 만들 수 있습니다.

수건은 같은 색, 같은 질감의 것으로 통일해요.

수건은 욕실의 거울 뒤 수납함에 보관할 수 있다면 가장 좋습니다. 보이지도 않고, 편리하게 사용할 수 있으니까요. 하지만 수납장이 없거나, 수납품이 보이는 수납장이라면 수건은 같은 색깔로 맞추는 편이 좋습니다. 수납장이 없어서 밖에 두어야 할 경우에도 잡다한 분위기가 나지 않기 때문이지요. 가능하다면 내추럴 컬러로 선택하세요.

직접 하는 간단한 집수리 D.I.Y 1

카펫의 얼룩 정리하기

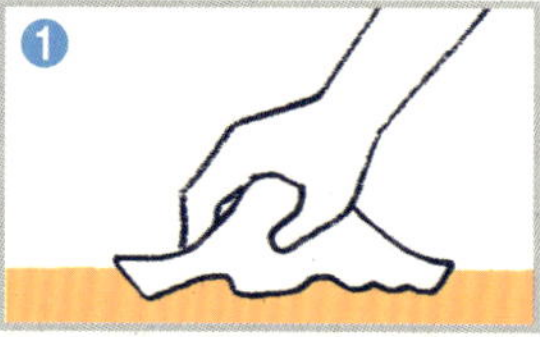

티슈로 오물을 집어낸다.

일단 카펫에 무언가를 흘리거나 떨어뜨렸다면, 손으로 집어낼 수 있는 것은 가능한한 빨리 집어냅니다. 주의할 점은 주변으로 퍼지거나 번지지 않도록 조심하고, 톡톡 두드리듯 물기나 기름기를 제거합니다.

아세톤이나 중성세제를 적신 천으로 두드린다.

기름 성분이 있는 물건을 떨어트렸다면 탈색되지 않도록 주의하면서 무색의 아세톤을 천에 묻혀서 톡톡 두드려줍니다. 수성이라면 중성세제를 천에 적셔서 두드립니다. 색깔이 있는 아세톤을 이용하면 아세톤 색이 옮아갈 수 있으니 꼭 무색을 사용합시다.

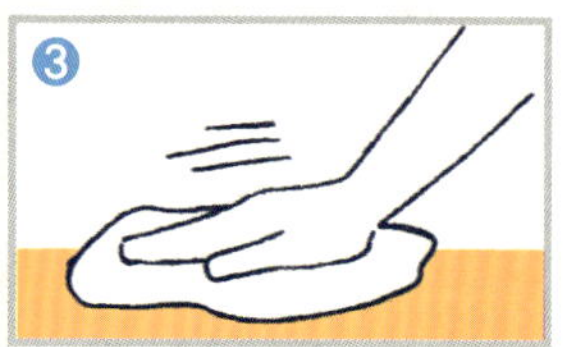

꽉 짠 걸레로 물걸레질 하면 끝!

깨끗하게 빤 걸레를 꽉 짜서 최소한의 물기만 남긴 상태로 아세톤 혹은 중성세제의 성분을 닦아냅니다. 지워질 때까지 몇 번이고 반복합니다.

벽의 구멍 메우기

구멍은 충전제나 실리콘 등으로 막는다.

구멍충전제를 벽의 구멍에 채워 넣습니다.

주걱으로 정성껏 평평하게 편다.

주걱으로 펴서 벽을 평평하게 해서 완성합니다. 구두주걱이나 두꺼운 종이로도 평평하게 할 수 있습니다.

깨끗하고 심플하게,
청소와 수납

 # 청소에도 준비가 필요해요.

청소 도구는 다이소나 대형마트, 동네 철물점 등에서도 손쉽게 구할 수 있습니다. 완전히 새 집에 입주를 하더라도 공사 후에 남은 먼지와 시멘트, 페인트 자국 등이 있으니 확실하게 청소해야 합니다. 경제적으로 여유가 있다면 이사 전 청소 대행 서비스를 이용하는 방법도 있습니다.

 ## 세제의 용도를 알아볼까요?

탄산수소나트륨(베이킹소다)

흔히 소다나 중조라고도 불리는데, 기름때에 강하고 오일을 흡착하는 역할도 합니다. 천연성분이라 인체에도 환경에도 해롭지 않습니다.

주방용 중성세제

부드러운 세정력으로 식기는 물론 레인지의 때나 카펫의 얼룩 제거에도 활용할 수 있습니다.

에탄올

살균효과가 있습니다. 주방 주변은 물론이고 주방가전에도 사용할 수 있습니다. 손자국이나 기름때 제거에도 좋습니다.

주거용 세제

벽과 바닥, 창 등을 닦을 때 활용하기 좋습니다. 스프레이 타입이 편리합니다.

구연산

물때, 화장실의 암모니아 냄새 등 알칼리성 때를 지울 때 사용합니다. 물 1리터에 구연산 2작은술을 넣으면 구연산수를 만들 수 있습니다. 세정력보다는 살균력이 좋습니다.

염소계 표백제

곰팡이 등의 묵은 때를 제거할 때 사용하면 좋습니다. 염소계는 표백력이 강하고 살균 효과도 있습니다. 다만 냄새가 아주 지독하니 창문을 열어놓고 사용해야 한답니다.

파이프용 세제

배수관 청소에 사용합니다. 파이프에 때가 있어 오수가 원활하게 배수되지 못하면 악취가 날 수 있습니다. 막힘과 악취 방지를 위해 사용합시다. 용액 타입과 발포 타입이 있습니다.

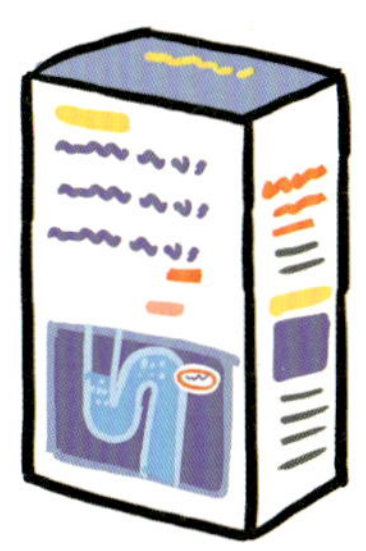

클렌저

싱크대 주변이나 냄비의 눌어붙은 자국 등 잘 지워지지 않는 묵은 때에 사용합니다. 흠집나기 쉬운 물건에는 사용하지 않는 편이 좋습니다.

극세사 천

세제 없이도 물만 묻혀 사용할 수 있습니다. 하지만 깔끔하게 닦이지 않고 먼지나 모래 등이 잘 흡착되지 않습니다.

낡은 칫솔

타일 틈새나 수도꼭지 주변 등에 사용할 수 있습니다. 고무줄로 몇 개 정도를 묶어 배수구 주변의 미끌거리는 물때나 곰팡이들을 문질러 제거할 수도 있습니다.

먼지떨이

오디오나 비디오 기기, 에어컨, 텔레비전 등의 전자제품에는 정전기 때문에라도 먼지가 많이 쌓입니다. 살짝 쓸어주기만 해도 먼지떨이의 정전기가 먼지를 흡착해 먼지가 제거됩니다.

손잡이 달린 브러시

욕실 벽이나 방충망 등 넓은 면적을 한 번에 청소할 때 유용합니다.

부직포 밀대 걸레

바닥이나 천장 청소에 사용하면 좋습니다. 낡았거나 유행이 지나버린 티셔츠 등을 부직포 대용으로 사용할 수도 있습니다.

스펀지

청소할 장소에 맞춰 말랑한 정도나 크기를 바꿔서 사용합시다. 창들이나 작은 홈 등을 청소할 때 스펀지를 마음대로 잘라서 사용할 수 있으므로 편리합니다.

쇠수세미

싱크대나 수도꼭지 등의 묵은 때 청소에 좋습니다. 하지만 너무 심하게 문지르면 흠집이 생길 수 있으니 힘 조절에 유의하세요.

걸레

기념품으로 받는 수건이 기존에 구입했던 수건과 같은 색깔에 같은 재질이기는 어렵습니다. 대개의 기념품 수건은 얇고 가벼운 재질이 많으니 작게 잘라서 걸레로 쓰기에 좋습니다.

접착 클리너

옷이나 이불에 붙은 먼지나 털 등을 없애는 데 좋습니다. 접착 시트가 카펫의 쓰레기나 머리카락을 없애줍니다.

스퀴즈

유리창을 닦거나 욕실 바닥, 세면대 위의 물 얼룩 제거에 사용할 수 있습니다. 고무 부분이 수분이나 세제를 깨끗이 닦아 줍니다.

02 바닥 청소를 해 볼까요?

바닥의 재질에 따라 청소도구도 다릅니다. 바닥을 닦기 전에 자신의 집에 맞는 청소용 물품과 방법을 알아
봅시다.

원목바닥

원목은 구석은 물론이고 나무판 사이에 먼지가 쌓이기
쉬우니 세심하게 청소해야 한답니다.

부직포 밀대걸레

청소기가 있으면 돌린 후 바닥의 결을 따라 부직포 밀대
걸레로 닦습니다. 바닥이 끈적거리는 기분이 든다면 구
연산수(물 1리터에 구연산 가루 2작은술)를 분무해 걸레
로 닦아 냅니다.

플리스

폴리에스테르 100퍼센트로 된 플리스 천은 정
전기가 잘 생겨 먼지를 잘 흡착합니다. 잘 입
지 않는 플리스로 된 옷이 있다면 시험해 봅
시다.

세탁용 유연제

유연제를 섞은 물에 걸레를 빨아서 꽉 짠 후
닦아 봅시다. 이렇게 하면 바닥에 먼지가 잘
붙지 않습니다. 물을 70퍼센트 정도 채운
양동이에 섬유유연제 뚜껑 1/2컵 정도를 섞
으면 알맞습니다.

털이 짧고 색이 짙은 카펫은 오염물이 묻어도 쉽게 표시가 나지 않습니다. 물기가 있는 걸레로 문지르면 얼룩이 생길 수 있으니, 조심 또 조심하세요!

청소기

카펫에는 털이 심어진 방향이 있습니다. 카펫의 털이 심어진 방향과 반대로, 즉 카펫의 털이 거꾸로 서도록 청소기를 돌리면 안쪽에 들어 있던 먼지를 제거할 수 있습니다. 카펫 청소용 노즐을 사용해도 좋습니다.

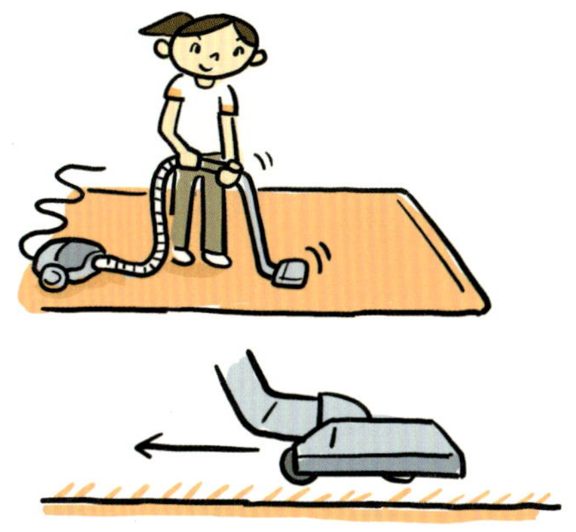

접착 클리너

손닿는 데 두었다가 생각날 때마다 데굴데굴 굴려주세요. 카펫에 먼지가 쌓이면 옷에 붙기 쉽습니다. 옷에서 먼지를 떼어내는 것은 훨씬 더 귀찮답니다.

랩의 심과 고무줄

랩의 심에 고무줄을 대여섯 개 끼운 후 카펫 위를 쓸어주면 끝! 털 안의 먼지가 떨어집니다.

무늬에 따라 요철이 있는 장판은 청소기를 돌리는 것만으로는 깨끗해지기 어렵습니다.
꼼꼼하고 깨끗하게 청소할 수 있는 방법을 알려줄게요.

걸레

자잘한 요철에 때가 끼므로 주거용 세제를 적신 걸레로
꼼꼼하게 닦아 줍시다.

면봉이나 낡은 칫솔

패인 부분의 청소에는 중성세제를 적신 면봉을 사용해 봅시다. 확실한 효과를 얻을 수 있을 것입니다. 닦을 때는 톡톡 두드리는 것보다는 끌어내듯 문질러서 때를 닦아냅니다. 요철 부분의 묵은 때는 클렌저를 묻힌 낡은 칫솔을 이용합니다. 하지만 너무 힘을 너무 줘서 문지르지는 맙시다. 바닥재에 손상을 줄 수 있습니다.

03 숙면을 위해 침구 주변을 청소해요.

침대는 습기가 차기 쉬우므로, 먼지를 터는 것과 동시에 밖에 널어 바람을 쐬어주고 말리는 부분도 신경 써야 합니다.

 이불

햇볕이 잘 들고 습도가 낮은 맑은 주말에는 꼭 이불을 말립시다. 이때 베이킹소다를 사용하면 집먼지 진드기를 제거할 수 있습니다. 아무리 볕이 좋아도 오후 3시에는 걷어서 개어 둡니다.

베이킹소다를 이불에 전체적으로 뿌려주세요.

접은 상태로 두세 시간 동안 내버려둡니다.

실외에서 잠시 말리며 남은 베이킹소다를 털어냅니다.

청소기로 베이킹소다를 빨아들입니다. 진드기나 먼지가 함께 빨려들어가요.

평소에는 잘 살펴보지 않는 곳이라 무심결에 이것저것 쑤셔넣기 쉽습니다. 그러다 보면 어느새인가 먼지와 잡동사니의 온상이 되어 버리지요. 침대를 움직일 수 있다면 움직여서 꼼꼼하게 청소합시다.

침대 주변에는 자기 전에 읽을 책만 놓아두세요. 나머지는 정리하여 책꽂이에 꽂아두는 편이 깔끔하답니다.

침대 밑의 먼지는 청소기에 틈새노즐을 끼워 빨아들입니다.

부직포 밀대걸레나 접착 클리너로 나머지 먼지들을 제거하면 끝!

침대 매트

평소에는 매트를 거의 움직이지 않고, 청소할 엄두를 내기도 힘들지요. 하지만 매트에는 땀이나 피지가 뭉쳐 있어 곰팡이나 진드기가 번식하기 쉽답니다. 날씨 좋은 날 매트를 세 워 바람을 쏘여 줍시다.

청소기로 매트에 붙은 먼지나 머리카락을 빨아들 입니다.

베이킹소다를 매트리스 전체에 뿌리고 손으로 퍼트려 줍니다.

뒷면도 같은 작업을 한 뒤 매트를 세워서 바람을 쐬어 줍니다.

약 30분 후 청소기로 베이킹소다를 빨아들입니다.

04 욕실 청소, 미루면 더 힘들어요.

욕조는 매일, 바닥이나 벽도 일주일에 한 번은 세제를 사용해 청소하는 편이 곰팡이나 악취 같은 심각한 문제를 예방할 수 있답니다.

기본 청소

욕실용 세제를 뿌린 후 스펀지로 씻어냅니다. 때가 타기 쉬운 욕조와 바닥의 모서리는 특히 주의해서 청소합시다.

모서리

손잡이가 달린 브러시가 문지르기 쉽습니다. 모서리에 뭉친 때나 배수구에도 세제를 뿜어 브러시로 문지릅니다.

욕조

문질러도 지워지지 않는 물때는 티슈를 붙인 위에 세제를 뿌려 주세요. 잠시 놓아두었다가 티슈는 때어내고 브러시로 문지릅니다.

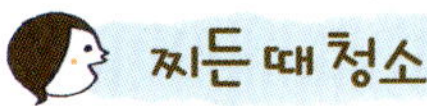

막힌 샤워헤드

따뜻한 물에 1작은술의 베이킹소다를 녹이고 샤워헤드를 몇 분간 담가 둡니다. 그 뒤 이쑤시개로 구멍을 쑤시면 끝! 막힌 구멍 때문에 약했던 물줄기가 시원하게 잘 흐를 것입니다.

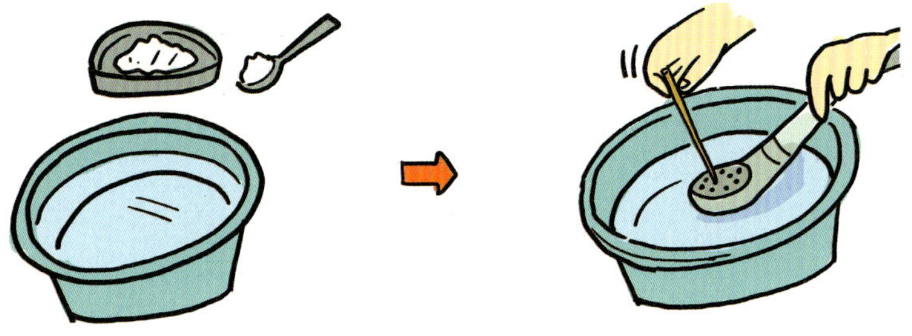

검은 곰팡이

뜨거운 물로 씻어낸 후 브러시로 문지르면 어느 정도 없앨 수 있습니다. 닦이지 않는 곰팡이는 곰팡이제거용 세제를 분무합니다. 곰팡이 제거용 세제는 강력하므로 고무장갑과 마스크를 끼고 사용하고, 창문을 열어 두거나 환풍기를 가동한 후 청소하세요.

천장과 욕실 벽

천장은 밀대걸레에 낡은 수건이나 낡은 천을 감아 닦습니다. 벽은 목욕 후 몸을 닦은 수건으로 묻어 있는 물방울을 닦아 내면 끝! 간단하죠?

# 05 화장실이 깨끗하면 기분도 좋아져요.

매일 스리슬쩍 청소해서 언제나 반짝반짝 깨끗한 화장실을 유지합시다. 한 달에 한 번 대청소까지 해 준다면 완벽하겠지요?

 ## 기본 청소

평소에는 한 번에 쓱쓱 닦기로 청결한 화장실을 유지해요.

문 손잡이

젖은 손으로 만지는 일이 많기 때문에 손자국이 날 수밖에 없습니다. 바로바로 닦아 주세요.

휴지걸이

홀더 윗부분은 먼지가 쌓이기 쉽습니다. 오래 묵히면 닦아내기 힘들어지니 방치하지 마세요.

탱크 레버

손을 씻기 전에 만질 수밖에 없는 부분입니다. 세균이 있을 수밖에 없겠지요? 먼지가 쌓이지 않았더라도 살균을 위해 닦아줍시다.

물탱크

샤워를 하고 난 뒤나 손을 씻은 뒤에 물이 튀어 얼룩이 남을 수도 있고, 먼지도 쌓입니다.

덮개(뚜껑)

오물이 튈 수도 있고, 먼지가 쌓일 수도 있습니다. 곰팡이가 생길 수도 있으니 자주 닦아주세요.

변좌 표면

피부가 직접 닿는 윗부분은 휴지나 걸레 등으로 깨끗하게 닦아주고, 좀 오래되었다 싶으면 시트를 바꾸는 것도 좋습니다.

변좌 뒷면

변기와 닿는 부분이라 오물과 가까워 쉽게 더러워집니다. 게다가 요철 부분이 있어 청소하기 까다롭지요. 살균까지 신경씁시다.

변기

변좌와 닿는 윗부분만이 아니라 가장자리도 확실히 닦아주세요.

변기몸통

아래쪽은 잘 보이지는 않지만 의외로 많이 더럽습니다. 홈이 파인 부분 등에는 먼지가 많이 쌓이고 물때도 잘 낀답니다.

욕실 바닥

머리카락이나 체모는 깔끔하게 치우고, 물때나 곰팡이는 전용세척제로 닦아주세요.

보이는 곳은 바로 청소한다고 해도 찌든 때가 생깁니다. 매달 한 번은 대청소를 해서 화장실을 깨끗하게 유지해 주세요.

전용 솔로 쓱쓱!

변좌의 안쪽은 아래에서 브러시를 대서 닦습니다. 시커먼 물때와 곰팡이로 깜짝 놀랄지도 모릅니다. 물이 고여 있는 곳과 내려가는 곳도 브러시로 정성껏 문지릅니다.

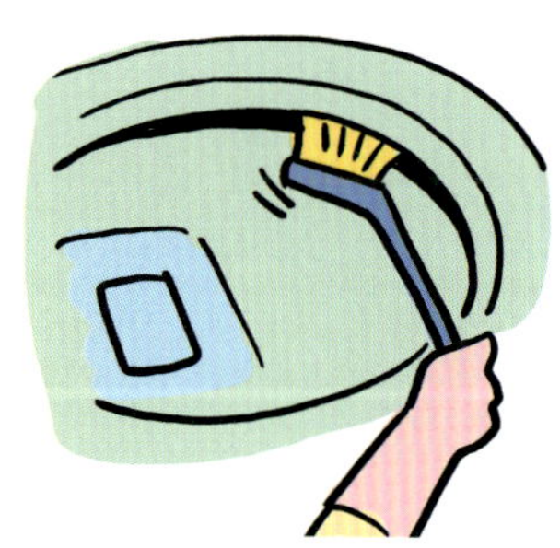

찌든 때는 좀 더 신경써서!

환기가 될 수 있도록 창문이나 욕실 문을 열어두고 염소 표백제를 변기에 직접 분무합니다. 제품의 설명서에 따라 잠시 두었다가 솔로 문지릅니다. 아무리 닦아도 잘 없어지지 않을 때는 사포를 이용해도 좋습니다. 하지만 지나치게 문지르면 변기에 흠집이 생기니 주의하세요.

자잘한 곳까지 정성껏!

작은 홈이나 변좌와 뚜껑을 연결하는 부위 등은 솔로 청소하기 어렵습니다. 이런 곳은 면봉에 욕실용 세제를 묻힌 후 데굴데굴 돌리며 청소하면 때가 사라집니다.

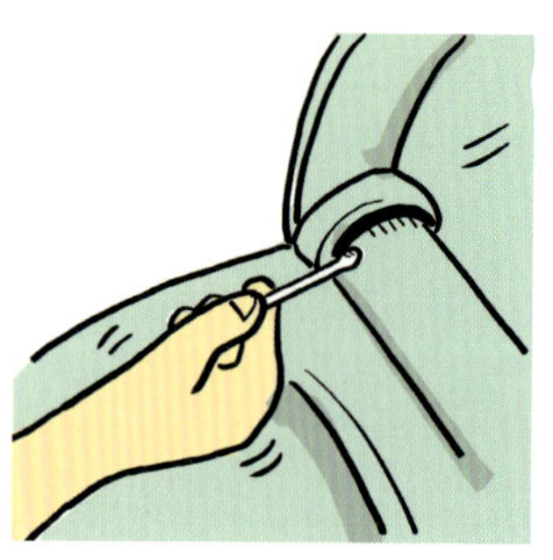

틈새도 잊지 말고!

변기와 물탱크 사이 같이 손이 들어가기 어려운 곳은 낡은 스타킹이나 수건으로 닦으면 됩니다. 양쪽 끝을 잡고 쓱쓱 오가듯 문지르면 청소 끝!

청소의 끝은 브러시 살균!

청소가 끝나면 욕실용 세제를 브러시 전체에 뿌린 후 변기에 고인 물에 몇 번 흔들어 주고 물을 내리면서 헹굽니다. 헹구고 난 뒤에는 해가 좋은 날 볕에 말려 주세요.

세면대도 깨끗하게!

자주 물이 닿거나 물이 고여 있는 세면대를 보면 까맣게 물자국이 남아 있는 것을 볼 수 있습니다. 이 자국은 물속의 칼슘 성분이 원인입니다. 낡은 칫솔에 클렌저를 묻혀 문지르기만 하면 끝! 별도의 살균세척은 필요 없습니다.

매일 쓰는 주방을 청소해 볼까요?

주방은 늘 사용해야 하는 곳이다 보니 나중으로 미루기 쉽습니다. 게다가 청소를 해 두어도 금세 다시 지저분해지곤 해서 의욕이 안 나기도 하지요. 하지만 방치하면 청소하기 더 곤란해진다는 것 잊지 마세요. 주방의 제일 골치거리인 기름때는 불려서 청소하는 것만으로도 시간과 수고를 아낄 수 있습니다.

 **가스레인지**

레인지 주변

레인지 주변은 자주 청소를 한다고 해도 유난히 때가 잘 끼고, 쉽게 찌든 때로 변합니다. 낡은 천으로 덮고 뜨거운 물을 부은 뒤 잠시 기다려 주면 때가 불어서 닦기 쉬워집니다.

찌든 때

음식물 찌꺼기나 먼지와 엉겨붙은 기름 때는 잘 떨어지지 않기도 합니다. 이럴 때는 비스듬히 깎은 나무젓가락으로 긁어냅니다.

자잘한 부분

레인지 주변이다 보니 음식물이 끓어 넘쳐서 자잘한 부분에 들어가 때로 변해 버리는 경우도 있습니다. 이럴 때는 낡은 칫솔에 세제를 묻혀 문지르면 됩니다.

싱크대와 배수구

배수망에는 음식물 찌꺼기가 고이고 물때도 자주 낍니다. 자주 세척해 주지 않으면 악취가 날 수 있습니다. 배수망은 조밀한 구조를 가지고 있어 솔이 적합한 청소도구입니다. 주방용 중성세제를 낡은 칫솔에 묻혀 문질러 주면 수월하게 청소할 수 있습니다.

배수구

오수가 빠져 나가는 파이프에도 당연히 물때가 낍니다. 전용 세정제를 뿌리고 오래 기다려야 하므로 자기 전에 파이프 세정제를 뿌려 주세요. 다음날 물을 부어주면 청소 끝!

싱크대

싱크대는 저녁 식사 후 설거지를 하는 김에 주방용 중성세제로 씻는 습관을 들입시다. '하는 김에 하는 청소'가 최고입니다. 수세미가 더러워졌다 싶으면 베이킹소다를 뿌려 문질러 주세요. 간단하게 해결할 수 있습니다.

식품 꺼내기

일단 식품을 밖으로 꺼내면서 시든 채소나 유통기한이 지난 조미료 등은 처분합니다.

선반 닦기

신선식품을 넣는 신선실(저온냉장실)은 특히 세균이 번식하기 쉬운 장소입니다. 에탄올을 적신 걸레로 닦습니다.

채소보관실 닦기

서랍 등 뺄 수 있는 것들은 주방용 중성세제로 씻습니다. 헹군 뒤에는 에탄올로 다시 한 번 닦으면 끝!

토스터

빵부스러기나 소스가 묻어 있을 수 있으니 주기적으로 청소해 주어야 합니다. 먼저 낡은 칫솔을 사용해 팬의 먼지를 긁어냅니다. 분리되는 것들은 분리해서 주방용 중성세제로 씻고, 안쪽은 구연산수(물 1리터에 구연산 2작은술)를 적신 극세사 천으로 닦아냅니다. 열선 부분은 마른걸레질로 청소합니다.

전기포트

구연산 2큰술과 물을 넣고 끓여 잠시 둔 후 손잡이가 있는 브러시 등으로 가볍게 안쪽을 문지릅니다. 브러시질이 끝나면 물은 버리고 다시 물을 받아서 마지막으로 한 번 더 끓인 뒤 헹구면 끝!

밥솥

밥알이나 밥물이 넘쳐 말라 붙어 있는 경우가 많습니다. 더러운 부분은 중조를 뿌린 스펀지로 문질러 닦고, 구연산수를 적신 극세사 천으로 한 번 더 닦은 뒤 마른걸레질로 마무리합니다. 증기구와 같은 자질구레한 부품의 청소는 면봉과 이쑤시개를 이용합니다.

전자레인지

무거운데다 전자제품이라 청소할 엄두를 내기가 어려웠던 전자레인지. 내열 용기에 물을 담고 전자레인지에 넣어 2~3분 돌려주세요. 물이 데워지면서 증기가 나와 전자레인지 안에 붙은 때나 음식물 찌꺼기 등이 부드러워집니다. 그때 물에 적신 극세사 천으로 닦아내면 됩니다.

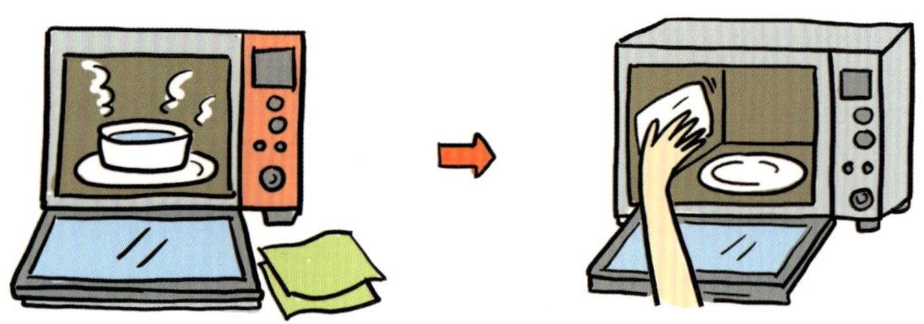

주방가전, 좀 더 안전하게 청소하고 싶어요!

입으로 들어가는 음식이 조리되는 주방가전. 세제는 왠지 위험할 것 같다는 생각이 들기도 합니다. 그렇다면 냉장고에 들어 있는 것들로 청소해 볼까요?

식용유

청소를 마친 반짝거리는 가스레인지, 하지만 요리 한 번만 하고 나면 다시 원래대로 돌아가 버리곤 합니다. 청소를 마쳤을 때 식용유를 살짝 뿌리고 키친타월로 문질러 기름기를 없애주세요. 튄 음식찌꺼기나 넘친 국물, 살짝 닦아주는 것만으로 청소가 끝!

케첩

눌러붙은 냄비바닥 때문에 땀이 뻘뻘 나도록 쇠수세미를 문지른 적이 있다면, 케첩과 물을 함께 끓여 보세요. 심각하지 않다면 어렵지 않게 제거할 수 있습니다.

귤껍질

전자레인지를 청소할 때 물그릇에 귤껍질을 넣어 돌려 보세요. 향긋한 냄새도 나고 살균도 된답니다.

식초

자취생이 베이킹소다나 구연산을 구비하고 있긴 어렵죠? 전자레인지나 전기포트, 밥솥 청소에 식초와 물을 1:1 비율로 섞어 써 보세요. 비슷한 효과를 낼 수 있어요.

좁은 주방 100% 활용 수납법을 알려드려요.

원룸의 부엌은 상당히 좁기 때문에 수납이 까다롭습니다. 하지만 사람의 수와 상관없이 살림을 하는 데 필요한 물건은 정해져 있지요. 물리적 공간의 제약을 작은 생각의 변화로 뛰어넘어 봅시다. 별것 아닌 물건들로 죽은 공간이 수납공간으로 바뀝니다.

 **주방 수납 요령**

받침대로 선반 만들기

플라스틱 케이스 위에 받침대를 올려 수납 선반을 만듭니다. 이렇게 하는 것만으로도 숙이지 않고 냄비 등을 꺼낼 수 있답니다.

플라스틱 케이스로 수납

2단으로 겹칠 수 있는 플라스틱 케이스의 윗단에는 조리기구와 보존 식품을, 아랫단에는 자주 사용하는 식기를 수납합니다.

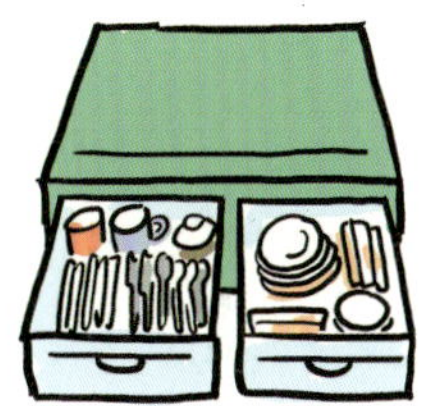

프라이팬은 걸어서

접착 후크를 이용해 걸어서 수납합니다. 프라이팬의 무게에 맞게 후크가 견딜 수 있는지 확인하고 구매하세요.

문 안쪽에 수납을

문의 소재에 맞는 양면테이프로 플라스틱 케이
스를 붙여 다시 팩이나 주방용 스펀지 등을 수
납해 주세요.

쓰고 남은 식품은 한군데

파스타나 건어물 등, 개봉한 식품은 밀폐용 봉지
에 넣고 선반의 사이즈에 맞는 뚜껑 달린 용기
에 하나로 모아 둡니다.

선반도 꼼꼼하게 활용

윗단에는 가벼운 보존식품을 바구니에 넣어 수납
하고 자주 쓰는 조미료는 작은 병에 옮겨담아 가
운데 단에, 아랫단에는 설거지 후 물기를 닦아낸
그릇을 완전히 말리기 위해 잠시 놓아둘 때 활용
합니다.

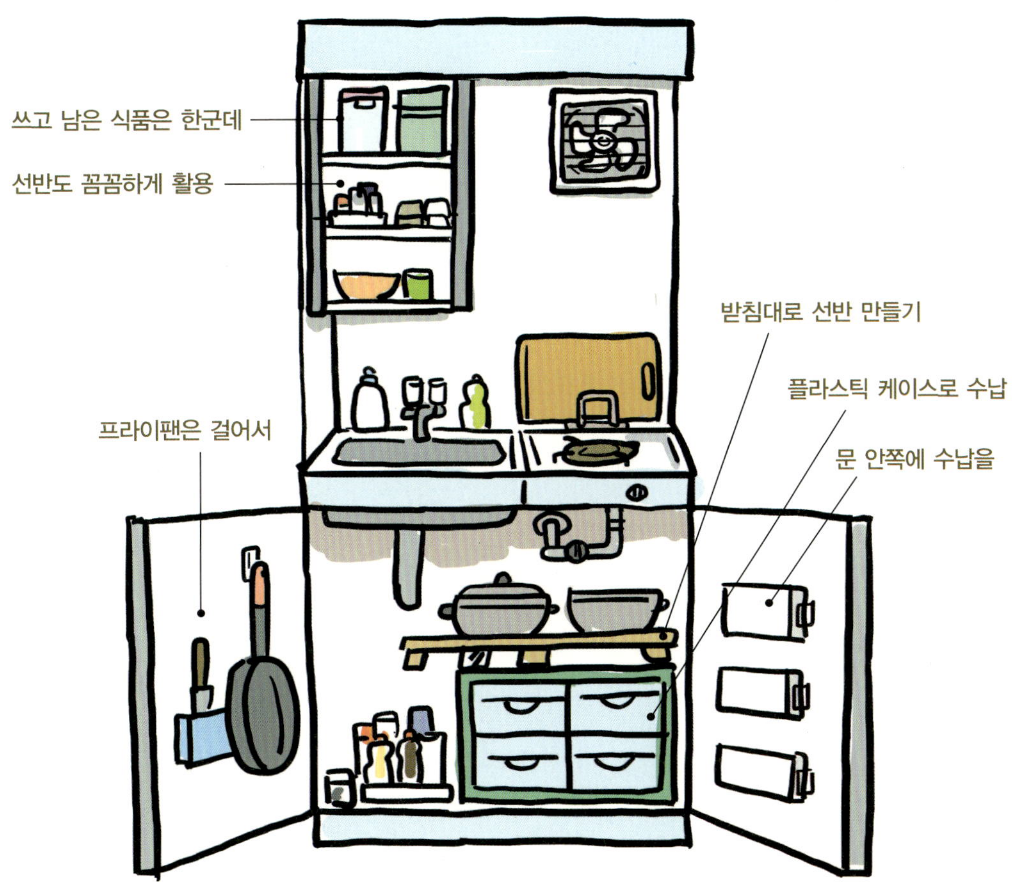

습기 대책도 잊지 말 것!

손닿는 곳에 식용유, 안쪽으로 세제를 놓아 주세요. 그 옆에는 제습제를 넣어 두면 습기로 세제가 뭉치는 것을 방지할 수 있습니다.

캔 상자

과자가 들어 있던 캔 상자는 냉장실의 칸막이로 활용할 수 있습니다. 스테인리스이므로 냉동실에서도 안심이지요.

클립

쓰다 만 봉지에 든 식품은 클립으로 고정해 도어포켓에 둡니다. 눈이 닿는 장소에 두면 잊어버릴 염려도 없겠죠?

플라스틱 바구니

식품을 그룹으로 나누어 플라스틱 바구니에 모아 정리해 봅시다. 안쪽에 있는 식품도 잊어버리지 않고 쓸 수 있습니다.

북엔드

밀폐용 봉지에 넣은 식재료를 수납하는 데 편리합니다. 세워서 정리할 수 있어서 자리도 많이 차지하지 않지요.

08 집의 얼굴, 현관을 청소해 볼까요?

현관은 집의 첫인상입니다. 문을 여는 순간 보이는 모습이 집의 분위기를 결정하지요. 현관이 더러우면, 집 안으로 발을 들이는 것조차 싫어집니다. 스스로의 기분을 위해서, 또 언제 올지 모를 손님을 위해서 집의 입구는 깨끗하게 유지합시다.

 기본적인 규칙

현관이나 거울은 깨끗하게

현관은 의외로 먼지가 쌓이기 쉬운 장소입니다. 게다가 오래 머물지 않기 때문에 더러움을 눈치채기도 어렵지요. 비질과 물걸레질로 깨끗하게 유지합시다. 현관으로 가는 길에 있기 마련인 거울도 잊지 마세요.

우산은 필요한 만큼만

갑자기 비가 내려서 산 비닐우산, 몇 개나 가지고 있나요? 아마 잘 기억도 나지 않을 겁니다. 예비는 하나로 충분하지요. 나머지는 학교나 직장에 가져다 놓고 쓰거나 급한 동료에게 나눠주는 방법으로 정리하면 어떨까요?

신발은 신발장에

귀가 후 벗은 신발은 하룻밤 말린 후 신발장
에 넣어주세요. 계절별로 쓰지 않는 신발은
상자에 넣어서 따로 보관하면 신발장을 넓
게 쓸 수 있습니다.

물에 적신 신문을 뿌린 후에 비질해 보세요.

신발에 묻은 진흙이나 쓰레기가 눈에 띈다면 잘게 찢은 신문지를 물에 적셔서 현관에 뿌린 후 쓸
어 보세요. 물을 마음껏 쓸 수 없어 깔끔하게 청소하기 어려웠던 현관이 물로 씻은 것처럼 깨끗해
진답니다.

좁은 신발장에 공간을 만들어요.

집에 있는 신발장을 살펴보면 신발 위의 공간이 비어 있는 것을 볼 수 있습니다. 공간을 살리는 데 필요한 것은 압축봉 2개입니다. 가장 밑 선반의 고정쇠를 조정해서 높이를 낮추고, 압축봉 두 개를 평행으로 가로질러 새로운 선반을 하나 더 만들어 그 위에 신을 올립니다. 앞쪽의 봉에 뒷굽을 걸어 두면 미끄러져 떨어지는 일도 없습니다. 가장 위의 선반에는 목이 있는 신발을 보관합니다.

신발장이 없다면 직접 만들어요.

블록이나 벽돌을 괴어서 높이를 조정하고 판자를 놓아서 신발을 놓을 수 있는 공간을 마련하면 임시 신발장을 만들 수 있습니다.

마트나 잡화점에서 살 수 있는 작은 랙을 신발 수에 맞춰 쌓습니다. 통기성도 좋아져 신발에 냄새가 고이지 않아 좋습니다.

복잡한 옷장 속의 수납 법칙을 알아볼까요?

보기 좋고 편리하게 수납을 해 두면 옷을 고르는 폭도 넓어집니다. 더 많은 옷을 더욱 쉽게 볼 수 있기 때문이지요. 이렇게 수납하면 옷을 갈아입는 것도 쉽게 할 수 있습니다.

높은 장소는 세워서 수납
손이 잘 닿지 않는 장소는 북엔드를 사용해서 세로로 늘어놓습니다.

플러스 요령으로 스페이스를 확보
스웨터나 티셔츠는 천으로 된 셔츠홀더에 수납합니다.

한가운데는 자주 입는 옷을
자주 꺼내는 셔츠나 재킷은 한가운데에, 정장은 끝 쪽에 걸어둡니다.

문 안쪽에도 간단 수납
문 안쪽에 클리어 포켓을 달아 액세서리나 스카프 등의 소품을 수납하면 편리합니다.

틈새 공간도 유용하게 활용
플라스틱 케이스를 틈새 공간에 넣어주세요. 티셔츠 종류는 둘둘 말아서 수납합니다.

두꺼운 옷걸이

코트나 재킷 등과 같이 옷의 형태가 흐트러
지면 안 되는 옷에 사용합니다.

철사 옷걸이

셔츠 걸기에 안성맞춤! 어깨를 맞춰서 걸어
주세요. 공간을 절약하기에 좋습니다.

클립 옷걸이

치마나 바지에 사용합니다. 똑바로 걸지 않
으면 주름이 생길 수도 있으니 신경 써서 걸
어주세요. 한 번 잡힌 주름은 다시 세탁하거
나 다림질을 하지 않는 한 잘 없어지지 않는
답니다.

S자 후크를 플러스

옷걸이의 후크 부분에 S자 후크를 걸면 연결
해서 수납할 수 있습니다. 하지만 너무 여러
개를 연결하거나 너무 무거운 옷을 연결해서
걸면 옷걸이에 무리가 가니 주의하세요.

속옷류

주름이 별로 신경쓰이지 않고, 개면 부피가 많이 줄어듭니다. 세트라면 모아서 수납해 주세요. 찾는 수고를 덜 수 있습니다.

앞에서부터 안쪽을 향해 늘어놓으면 꺼내기 쉬운 앞쪽의 것들 말고는 쓰지 않게 됩니다.

안쪽 공간에는 양말을 일렬로. 서랍을 전부 열지 않아도 안쪽까지 보여 꺼내기 쉬워집니다.

스웨터

부피가 큰 스웨터는 서랍의 높이에 맞춰 세워서 넣는 것이 편리합니다.

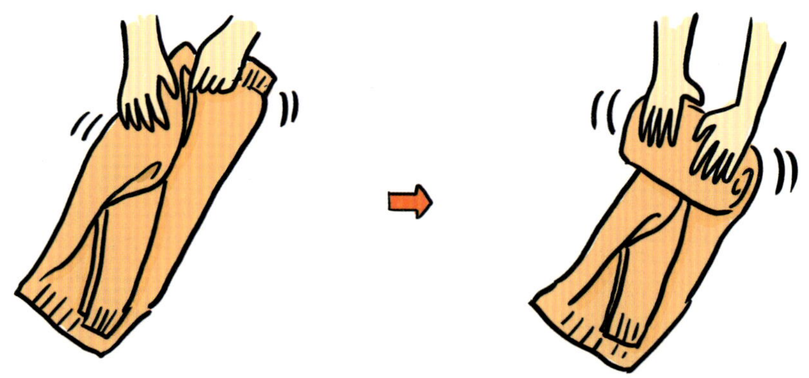

몸통 한가운데부터 세로로 반을 접습니다. 양쪽 소매를 맞춰 어깨솔기에서 접어 비스듬히 몸통에 겹칩니다.

끝을 접어 장방형으로 정돈한 후 목깃 쪽부터 둘둘 맙니다. 김밥처럼 둥글게 말면 많이 수납할 수 있습니다.

티셔츠

세운 상태로 보관하면 어디에 있는지 한눈에 알 수 있습니다. 포개어 놓았을 때보다 수납력도 업!

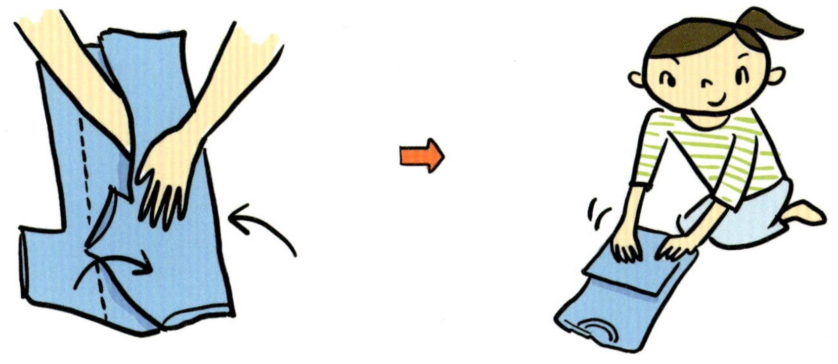

뒤쪽을 겉으로 해서 소매를 목둘레의 봉제선에서 안쪽으로 넣은 후 목깃을 중심으로 삼등분해서 접습니다.

옷단을 들어 올려 아래 1/3을 접은 후 모양을 정돈해서 위쪽 1/3을 접습니다. 높이가 다르면 낮은 것은 묻혀 버리므로 높이는 가능하면 맞춥시다.

수건

같은 아이템은 같은 장소에 수납하는 편이 좀 더 깔끔해 보이고, 또 찾아쓰기도 편리합니다.

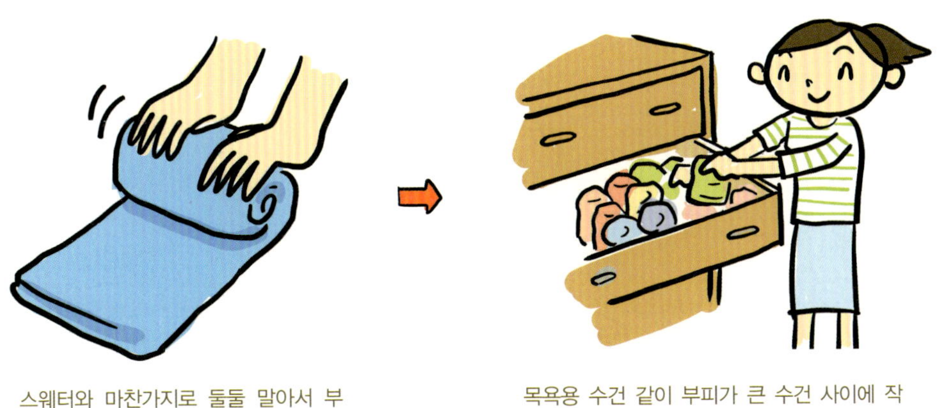

스웨터와 마찬가지로 둘둘 말아서 부피를 줄여주세요.

목욕용 수건 같이 부피가 큰 수건 사이에 작은 수건을 넣어주면 더 많이 수납할 수 있고, 각각의 수건을 알아보고 꺼내어 쓰기에도 편리합니다.

 **10 부피를 줄이는 옷 개는 비법을 알려드려요.**

제한된 공간에 더 많이 수납하려면 개는 법도 달라야 합니다. 부피를 줄이는 옷 개는 방법을 소개합니다. 서랍과 수납 공간이 훨씬 넓어질 뿐 아니라 원하는 옷을 쉽게 찾을 수 있어요.

세로로 반을 접습니다. 앞길 쪽이 긴 경우는 그 쪽을 바깥쪽으로 합니다.

팬티와 폭을 맞춰 세로로 한 번 더 반을 접습니다.

어깨끈이 나오지 않도록 위아래 모두 1/3 정도에서 각각 접습니다.

위에서부터 둘둘 말아줍니다. 단단히 마는 것이 포인트입니다.

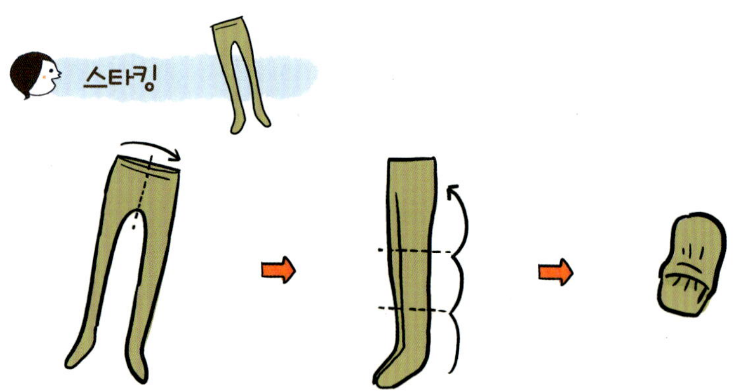

세로로 반을 접어 좌우의 발 부분을 겹칩니다.

발끝에서부터 몇 등분해서 접습니다.

허리 고무줄 부분을 뒤집어 사각을 정돈합니다.

서랍 폭에 맞춰 소매를
몸통 뒤로 접습니다.

서랍의 깊이에 맞춰 옷
단과 소매를 접습니다.

가로로 반을 접습니다.

옆선을 맞춰 세로로 반을
접습니다.

손수건을 치마폭과 개어둔 사
이즈에 맞춰 개어 치마 중앙에
놓습니다.

수건을 싸듯이 치마의 아
랫단을 접고 허리쪽도 마
찬가지로 접습니다.

단추를 풀고 등 중앙의
봉제 선을 따라 세로로
반 접습니다.

소매를 안쪽 봉제 선을
따라 접습니다.

가능한 한 큰 수납 박스에
형태가 흐트러지지 않도록
해서 넣습니다.

직접하는 간단한 집수리 D.I.Y 2

원목 바닥 보수

보기에 깔끔하고 인테리어도 편한 원목 바닥이지만, 흠집이 잘 나기도 하고, 한 번 흠집이 나면 금세 눈에 띕니다. 어떻게 수리하면 좋을까요?

① 수선용 충전재로 흠집을 메워 주세요.

마른 천으로 흠집 난 바닥재 주변을 깨끗하게 닦아 줍니다. 딱딱한 수선용 충전재를 드라이어로 부드럽게 만든 후 움푹 팬 흠집 안쪽에 채워 넣습니다.

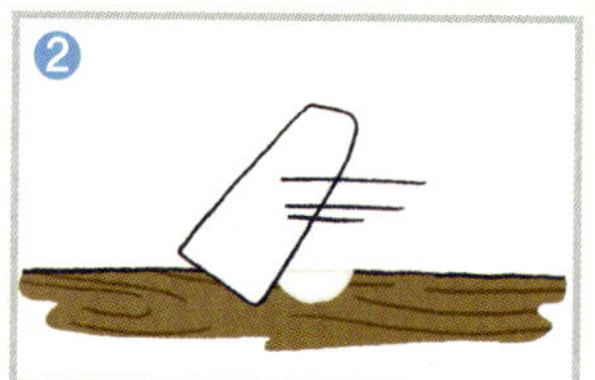

② 표면을 평평하게 펴주세요.

수선용 퍼티가 뜨거울 때 주걱이나 두꺼운 종이를 사용해 표면을 평평하게 골라줍니다. 너무 힘을 줘서 안쪽이 패이거나 울퉁불퉁해지지 않도록 조심하세요.

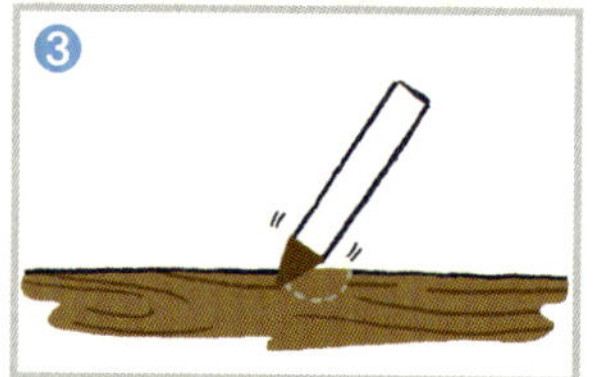

③ 목재용 보수 페인트로 칠해 주세요.

바닥재의 색에 맞는 우드픽스 등의 목재용 보수 페인트로 보수한 표면을 칠해 주세요. 칠한 후 주변을 깨끗하게 닦아 주면 거의 눈에 띄지 않습니다.

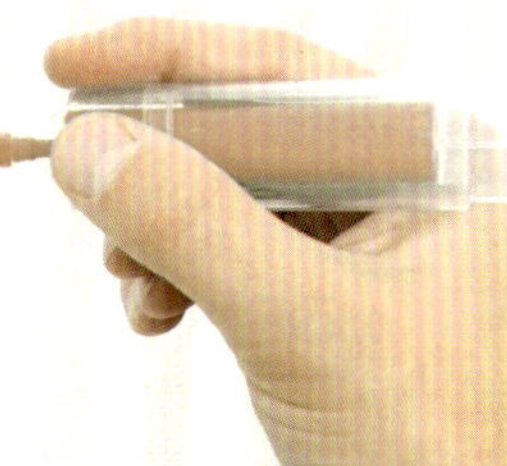

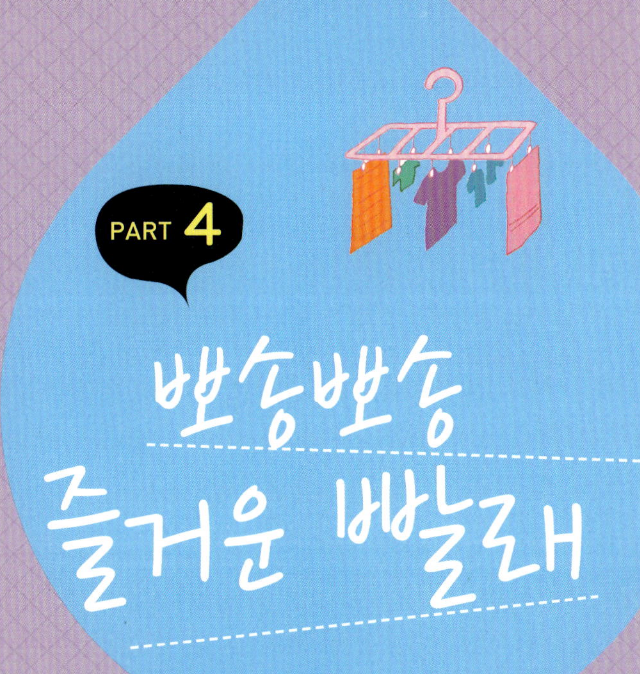
PART 4
뽀송뽀송
즐거운 빨래

 # 빨래를 해 볼까요?

혼자 살게 되었을 때 신경쓰이는 것 중 하나가 세탁입니다. 깨끗하게 세탁된 옷이나 이불을 사용하면 기분마저 좋아집니다. 그러나 미리 빨아서 잘 말려 두지 않으면 곤란한 일이 생기거나 자칫하면 값비싼 옷이나 이불을 망칠 수도 있습니다. 세탁의 효율성을 높일 수 있는 방법을 알아볼까요?

 ## 취급 주의사항을 읽어보세요.

세탁을 하기 전에는 먼저 세탁물의 취급 주의사항을 읽어 보세요. 세탁 사고를 막을 수 있는 가장 효율적인 방법입니다.

	드라이 드라이클리닝으로 세탁. 집에서의 클리닝은 불가.		**손빨래** 40℃ 이하의 수온에서 가볍게 손빨래. 세탁기 사용은 불가.		**약 40** 40℃ 이하의 수온으로 세탁기의 '약' 또는 '약한 울코스'로 빨 것.
	세탁 불가		**비틀어 짜기 금지**		**약하게** 짤 때는 약하게. 세탁기 탈수는 단시간에.
	저 80~120℃의 저온으로 다릴 것		**뉘어서** 널 때는 그늘에 뉘어서 말릴 것.		**옷걸이에 걸어서** 널 때는 옷걸이에 걸어서 말릴 것.
	염소 표백 염소 표백제를 사용해도 좋음.		**다림질 불가**		**고** 180~210℃의 고온에서 다릴 것.

 ## 세제는 정량만큼만!

세제를 잔뜩 넣는다고 때가 잘 지는 것은 아닙니다. 오히려 비누기를 빼느라 더 고생할 수도 있습니다. 빨래가 다 마르고 난 다음에 빨래가 뻣뻣했던 적이 있죠? 세제가 빨래에 남아 있다는 증거랍니다! 그러니 때가 가장 잘 지면서도 낭비가 없는 규정량을 지킵시다.

 ## 세탁물도 정량만큼만!

혼자 사는 사람들은 대개 일주일에 한 번 정도 빨래를 한다고 합니다. 묵은 빨래를 다 꺼내서 한 번에 하다 보면 정해진 용량보다 빨래를 더 넣기도 합니다. 그러면 어떤 일이 일어날까요?

첫째, 때가 잘 지지 않는다!

둘째, 세제가 남는다!

셋째, 빨래에 주름이 진다!

세탁기를 세탁물로 꽉 채우지 마세요. 빈 공간이 있어야 때가 잘 빠질 수 있습니다. 용량은 취급 설명서대로!!

 ## 섬유유연제를 쓰자.

빨래를 부드럽게 해 주는 유연제. 세탁기의 전용 투입구에 부어 넣으면 끝! 짜증나는 정전기도 방지해 줍니다.

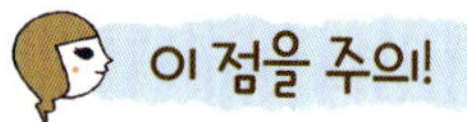

흰 것은 따로!

흰옷은 다른 옷에서 색이 옮기 쉽습니다. 흰 것끼리 따로 모아 빱니다.

애벌빨래를 해 주세요.

목깃이나 소맷부리가 특히 더러울 때는 미리 세면실이나 욕실에서 손으로 애벌빨래를 합니다

주머니는 뒤집어서 내용물을 꺼내주세요.

티슈나 종이로 된 제품 등과 함께 빨았다간 상상하고 싶지도 않은 끔찍한 일이! 다른 옷에 종이찌꺼기가 잔뜩 붙어서 정말 곤란해집니다. 다시 세탁을 해도 절대로 깔끔하게 떨어지지 않아 일일이 떼어내야 한답니다.

손빨래도 필요해요.

손수건이나 행주 같은 작은 세탁물이나 속옷 같은 세심하고 위생적인 세탁이 필요한 경우에는 손빨래를 해주세요. 세면대나 세수 대야에 미지근한 물을 담고 빨래비누로 문질러 5분 정도 주물주물한 후 비눗물이 나오지 않을 때까지 헹궈주세요. 마지막에 섬유유연제를 몇 방울 푼 물에 담갔다가 마지막으로 맑은 물에 헹궈 주면 끝!

 ## 02 쉽고 편한 세탁법을 알려 드려요.

세탁기 뚜껑을 열었을 때 뒤엉킨 빨래를 보거나, 아끼는 옷에 보풀이 잔뜩 생기고, 이상하게 변색된 모습을 보는 일은 이제 더는 없어야겠지요?

 ### 빨래끼리 엉키는 일은 이제 그만!

엉킨 것을 풀겠다고 잡아당기면 옷이 상합니다. 빨래를 널 때도 엉키지 않은 편이 훨씬 더 편하겠지요? 편하게 말리기 위해서라도 잠시만 시간을 투자해서 엉킴 방지 작업을 해 봅시다.

고무줄로 묶기

빨래 전에 엉키기 쉬운 소매나 바짓단을 고무줄로 묶어 보세요. 생각보다 효과가 좋답니다.

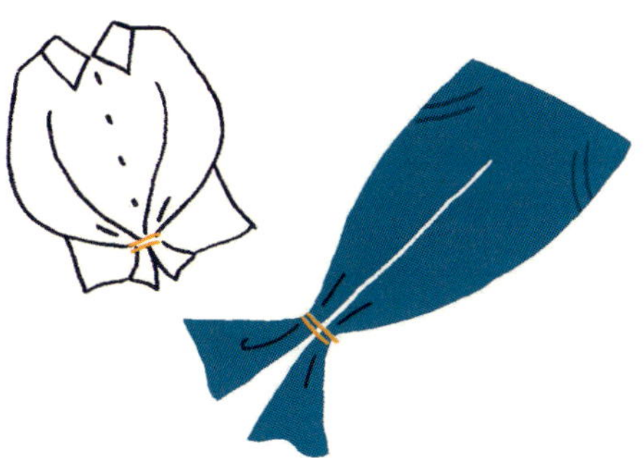

단추가 있는 옷은 단추를 이용

빨래를 할 때마다 셔츠의 소매가 이런저런 빨래들과 엉켜서 곤란했던 적이 있지요? 엉킨 빨래는 주름도 많이 가서 나중에 다림질도 해 줘야 하는 번거로움이 있습니다. 소맷부리를 가슴의 단추에 잠가 보세요. 다른 빨래에 소매가 엉키지 않는답니다.

세탁망을 이용

세탁망에도 여러 종류가 있지요? 옷 사이즈에 맞는 망을 사용해 주세요. 무리하게 여러 개를 넣으면 세탁이 안 될 수 있으니 권장하는 만큼만 넣도록 합니다. 엉킴은 물론 보풀까지 예방된답니다.

세탁기 속 최고의 난폭자는?

다른 빨래와 엉키기 1위는 바로 수건입니다. 셔츠의 소매, 바지의 밑단, 타이즈, 스타킹 등과 잔뜩 엉킨 것을 건조대에 널려면 골치가 아프지요. 수건이 들어간 빨래를 할 때는 꼭 엉킴 방지 작업을 해 둡시다.

탈색과 보풀, 이젠 안녕!

세탁을 잘 못 해서 후회하는 일은 이제 그만! 세탁기를 사용할 때 약간의 노력을 더 한다면 항상 새 옷 같이 유지할 수 있습니다.

빨기 전에 잠시!

먼지가 눈에 잘 띄는 진한 색의 옷이나 프린트가 있는 옷, 섬세한 레이스가 달린 옷은 세탁 전에 뒤집어 둡시다.

세탁망 혹은 소금

세탁망은 마찰로 인한 탈색이나 보풀을 방지합니다. 소금은 염색이 천에 오래 남아 있을 수 있도록 돕는 효과가 있습니다. 세제와 같은 양을 넣어 세탁하면 탈색을 방지할 수 있습니다.

모양이 망가지는 것을 방지

비즈나 스팽글이 붙은 옷이나 고급 소재, 연약한 소재의 옷은 뒤집은 다음 세탁망에 넣어 이중으로 보호합니다.

속옷은 개서 세탁망에

값비싼 속옷은 손빨래를 권장하지만 솔직히 쉽지 않죠? 세탁하기 전에 간단하게라도 개서 세탁망에 넣어 주세요. 세탁기 안에서 모양이 망가지는 것을 방지합니다.

소소한 부분에 신경을 쓰면 번거로운 다림질을 피할 수 있어요. 다른 부분은 멀쩡한데 목만 늘어나서 옷을 버려야 하는 경우도 줄어듭니다.

탈탈 털고, 팡팡 때리고

셔츠 등 주름이 가기 쉬운 옷은 말리기 전에 털어 주거나 손바닥으로 두드려주면 큰 주름이 펴집니다.

작은 부분에 신경을

옷깃이나 소매, 단추 주변 등 자잘한 부분을 당겨 펴서 모양을 정돈해 보세요. 눈에 띄는 주름을 예방할 수 있어요.

옷걸이는 두꺼운 것으로

티셔츠나 블라우스 등은 두께가 있는 옷걸이를 쓰면 자국이 남지 않습니다. 철사 옷걸이에 수건을 감아 사용해도 좋습니다.

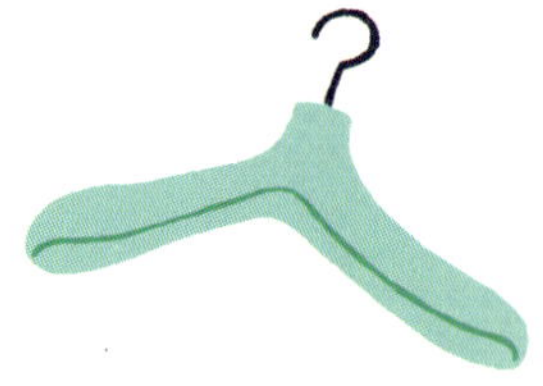

걸지 말고 뉘어서

옷걸이에 걸면 무게 때문에 늘어져 어깨가 옷걸이 모양으로 튀어나오거나 팔이 늘어나는데, 한 번 늘어나 버리면 다시 원상복귀하기 어려우니 주의하세요. 특히 니트 등은 꼭 뉘어서 말리도록 합니다.

실수로 생긴 얼룩 어떻게 빼죠?

립스틱

실수나 사고로 옷에 묻어 버린 립스틱. 세탁기에 돌려도 빠지지 않고, 문질러 봐야 옆으로 번지기만 하지요. 립스틱은 기름 성분이기 때문에 주방용 중성세제를 사용하는 편이 좋습니다. 티슈에 중성세제를 묻혀 립스틱이 묻은 부분을 가볍게 두드린 후 물 티슈로 닦아내면 됩니다.

흙탕물

흙탕물 세탁의 기본은 일단 말리기입니다. 잘 말린 후 흙은 털어내고 비눗물과 중성세제를 이용해서 세탁해 주세요. 얼룩이 너무 진해 잘 지지 않을 것 같다면, 흙을 털어낸 뒤에 감자를 잘라 두드리듯 문지른 다음 중성세제에 담가 세탁합니다.

간장

간장은 여러 성분이 들어 있기는 하지만 기본적으로는 수성입니다. 그러므로 물로 씻어내는 편이 좋습니다. 물에 적신 티슈로 간장이 묻은 부분은 톡톡 두드려 간장을 닦아냅니다. 문지르면 얼룩이 퍼지므로 주의합시다.

김치 국물

시뻘건 고추가루와 젓국의 누런색, 물로 헹궈서는 제대로 빠지지 않습니다. 얼룩이 묻은 바깥쪽과 안쪽 모두에 양파즙을 바르고 하루 정도 기다렸다가 빨아주세요. 얼룩이 사라진답니다.

피

피의 성분은 단백질입니다. 열을 가하면 굳어버리니, 절대로 뜨거운 물은 쓰면 안 됩니다. 주거용 세제를 사용해 미지근한 물로 주물러 빱니다.

땀

여름에 많이 생기는 땀 얼룩. 물에 세제와 표백제를 풀어 30분 이상 담가두었다가 헹궈주세요. 땀 때문에 누렇게 변한 것을 오래두었다가는 지우는 것이 쉽지 않으니, 발견 즉시 세탁합니다.

커피

하루에 한 번 이상은 꼭 마시게 되는 커피. 실수로 흘렸다고 해도 너무 걱정 마세요. 주방세제와 식초를 1:2의 비율로 섞은 용액을 칫솔에 묻혀 문지르거나 톡톡 두드려 주세요. 그 후에 물로 헹구면 깨끗해집니다.

 집에서도 울 세탁을 해 볼까요?

옷은 의류업체에서 권장하는 방법대로 세탁하는 것이 가장 좋습니다. 하지만 '손빨래 가능'인 것은 세탁소에 맡기지 않고 직접 빨아도 괜찮습니다. 아주 값비싼 제품이 아니라면 처음 한 번이나 두 번만 드라이클리닝을 하고, 그 이후에는 울세탁 전용 세제로 세탁하는 방법도 있습니다.

눈에 띄는 오염은 제거

눈에 띄게 더러운 곳이 있다면 낡은 칫솔 등으로 세제의 원액을 두드려 스며들게 하여 미리 지워둡니다.

더러운 쪽을 바깥으로

소맷부리 등 때가 탄 부분이 바깥으로 가도록 해서 갭니다. 빨래대야의 크기에 맞춥니다.

세탁 액에 담가 주물러서

전용 세제를 표시대로 희석해 스웨터를 넣고, 가볍게 20~30번 주물러 빱니다.

물기를 뺄 때는 조심스럽게

손으로 누르듯이 부드럽게 짜서 물기를 뺍
니다. 또는 세탁기로 15~30초 탈수합니다.

헹군 뒤 섬유유연제로 Go Go!

물에 담가 주물러 헹굽니다. 물을 바꿔가며
여러 번 반복해 깨끗해지면 유연제를 넣은
물에 2~3분 담가둡니다.

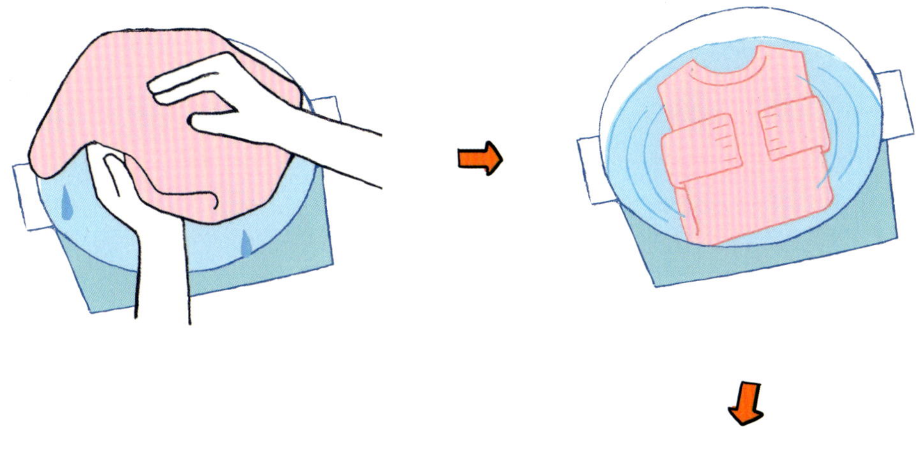

물기를 뺀 뒤 펴서 건조

누르듯 부드럽게 짜서 물기를 뺀 후 모양이
흐트러지지 않도록 평평한 곳에 펴서 말립
니다.

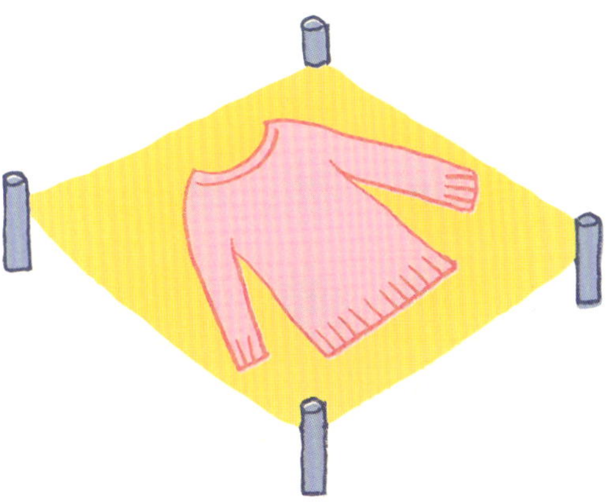

빨래, 제대로 말리고 있나요?

아무리 섬유유연제를 써서 빨래를 해도 옷에서 퀴퀴한 냄새가 날 때가 있지요? 이것은 덜 마른 상태에서 빨래에 균이 번식했기 때문입니다. 이런 냄새를 방지하려면 재빨리 말리는 수밖에 없습니다.

기본적인 너는 방법

긴 것과 짧은 것은 번갈아서
긴 것과 짧은 것을 교대로 널면 틈이 생겨서 통풍이 잘 되겠지요? 물론 빨래도 좀 더 빨리 마릅니다.

공기에 닿도록 두꺼운 것을 바깥쪽으로
잘 안 마르는 두꺼운 세탁물은 건조대 바깥쪽에 배치해서 가능한 한 공기와 바람에 많이 노출될 수 있도록 해 주세요.

에어컨 제습 + 선풍기

여름 장마 기간이면 공기 중 습도가 높아 실내에서도 좀처럼 빨래가 마르지 않지요. 이럴 때는 선풍기를 이용하면 더 잘 마르겠죠? 물론 에어컨이나 제습기가 있다면 더 좋겠지만요.

환기팬을 이용

방에 너는 것으로 충분하지 않을 때가 있죠? 압축봉으로 욕실에 임시 빨래걸이를 만들어 빨래를 넌 후 환기팬을 돌리면 좀 더 잘 마릅니다. 이때 압축봉이 무너지지 않게 조심하세요.

빨래는 넉넉하게 간격을 띄워서

오랜만에 하는 빨래라고 건조대가 가득차도록 빽빽하게 널었나요? 공기가 통하지 않아 빨래가 잘 마르지 않습니다. 빨래 간 간격은 여유롭게 널어 주세요.

아무리 세탁이 끝났다고 해도 젖은 빨래를
세탁기에 두면 세균이 번식합니다. 빨래가
끝났으면 즉시 빨래를 꺼내 놉시다.

실내 건조를 위한 제품이 따로 있나요?

실내 건조 전용 세제

햇빛과 바람이 풍부한 집밖에서 빨래를 말리는 것이 가장 이상적이지
만, 날씨 등의 문제로 실내에서 말려야 할 때가 있지요. 이럴 때는 실내
건조 전용 세제를 사용해 봅시다. 세균의 번식을 억제해 냄새가 나는 것
을 방지합니다.

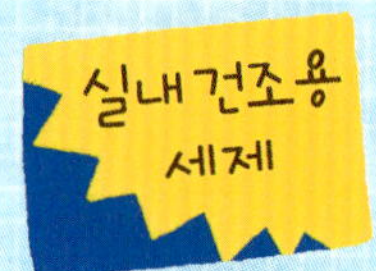

냄새 제거용 스프레이

옷감에도 사용할 수 있는 소취 스프레이는 옷에 묻은 불쾌한 음식냄새
나 담배냄새를 빼주기도 하지만, 세탁물이 덜 말라서 나는 냄새를 예방
하는 데도 효과적입니다.

샤워후크용 걸이

욕실에서 빨래를 말릴 때, 혹은 증기를 이용해서 옷의 냄새를 뺄 때 사
용할 수 있습니다. 샤워기를 거는 후크에 끼워 사용합니다.

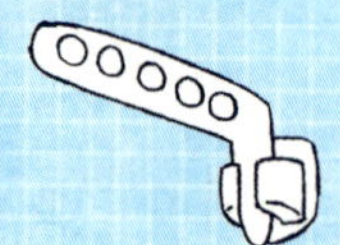

 # 05 안 마르는 빨래는 도구를 이용해 보세요.

빨래를 잘 말리기 위해서 생각해야 할 것은 첫 번째도, 두 번째도 통기성입니다. 자칫 잘못했다간 어떤 부분은 제대로 마르지도 않기도 하고, 냄새가 나는 옷으로 변하기도 하지요. 하지만 이 방법을 쓰면 큰 빨래나 두꺼운 빨래도 겁낼 필요 없답니다.

 ## 침대 시트 말리기

옷걸이

빨래 사이에 공간을 확보하는 것이 중요합니다. 빨랫줄이나 외봉으로 된 빨랫대를 사용한다면 옷걸이를 2~3개 걸고 그 위에서부터 시트를 넙니다. 통기성이 확 올라갑니다.

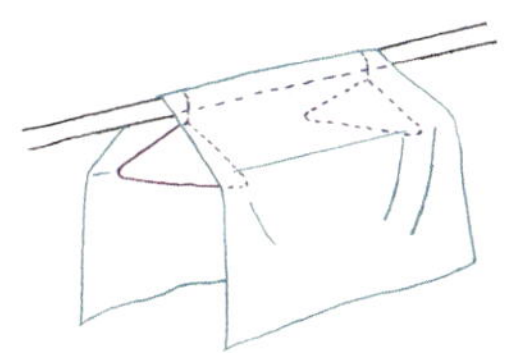

빨래집게 건조대

건조대가 협소한 경우는 빨랫집게 건조대를 사용해서 시트를 엇갈리게 넣어 봅시다. 좁은 장소에서도 큰 빨래를 말릴 수 있습니다.

 ## 두꺼운 옷 말리기

청바지

빨래집게 건조대에 허리 부분을 집어 통 모양으로 해서 넙니다. 뒤집으면 주머니 부분도 빨리 마릅니다.

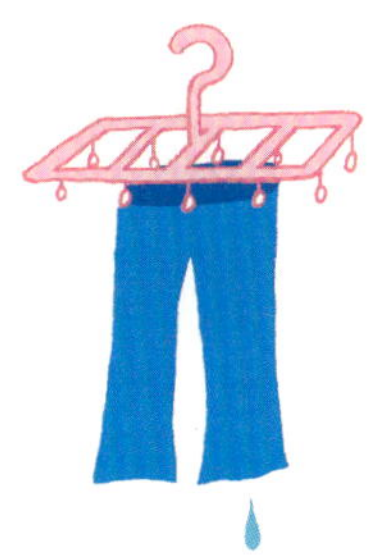

후드 달린 상의

평범하게 옷걸이에 걸고 철사 옷걸이를 반으로 접어 후드 부분을 펴 주면 후드 주변이 빨리 마릅니다.

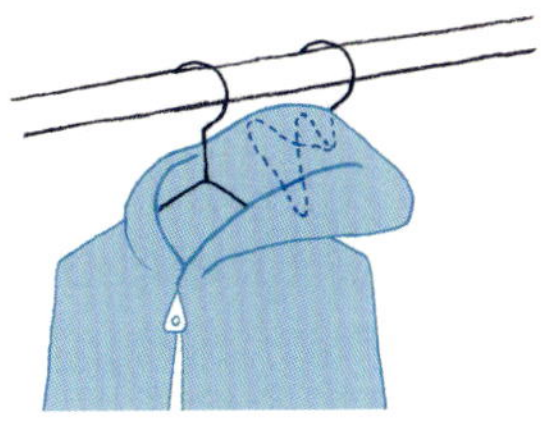

 # 06 세탁기 냄새를 예방해 보세요.

세탁기는 습기나 더러움 때문에 세균이나 곰팡이의 온상이 되기 쉽습니다. 이 곰팡이는 빨래에서 나는 나쁜 냄새의 근원이 되기도 한답니다.

 ## 세탁기 관리

식초를 붓고 하룻밤!

세탁기에 물을 받은 후 20리터 정도의 물에 식초 200밀리리터의 비율로 넣습니다. 하룻밤 둔 후 세탁물을 넣지 말고 한 번 돌리면 냄새와 더러움이 제거됩니다.

세탁조도 세제가 필요하다

세탁조에 붙은 세균이나 곰팡이 등의 더러움은 전용 세제로 제거합니다. 사용 방법을 잘 읽어본 후 정기적으로 사용합시다.

뚜껑은 항상 열어두기

세탁기의 뚜껑은 항상 열어두세요. 닫은 채로 두면 세탁조 안에 습기가 고여 세균이나 곰팡이가 번식하기 쉬운 환경이 된답니다.

 ## 빨랫감 관리

빨랫감은 바구니에 보관

어차피 세탁기에 넣을 것, 굳이 바구니에 보관할 필요없다고 생각할 수도 있습니다. 하지만 세탁기에 빨래를 넣어두면 세탁조뿐 아니라 다른 빨래에까지 냄새와 오염이 옮습니다. 세탁물은 통기성이 좋은 바구니에 보관합시다.

젖은 수건은 말린 후 보관

사용한 뒤 잔뜩 젖은 수건을 그대로 바구니나 세탁기에 던져두었다가 잊어버리면 얼마 후 끔찍한 냄새와 곰팡이가 생겨 있는 걸 발견하게 될 것입니다. 젖은 수건은 빨기 전이라도 수건걸이에 걸어서 말리는 습관을 들여 둡시다.

질문있어요!

냄새를 방지하기 위해선 어떻게 해야 하죠?

냄새를 방지하기 위해서는 기본부터 신경 씁시다. 바로 세탁조! 세탁기를 오래 사용하다 보면 세탁물에 붙어 있었을 오염물과 세제찌꺼기 등이 세탁조에 남기 마련입니다. 그 오염물과 세제찌꺼기를 자양분으로 세균과 곰팡이가 자라나지요. 세균이나 곰팡이가 붙어 있는 세탁기로 빨래를 아무리 빨아본들 깨끗해질 리 없겠지요? 세탁조는 정기적으로 관리해 줄 필요가 있습니다. 세탁조 클리너를 사용해도 냄새가 가시지 않는다면, 청소업체를 이용해 보는 것도 좋습니다.

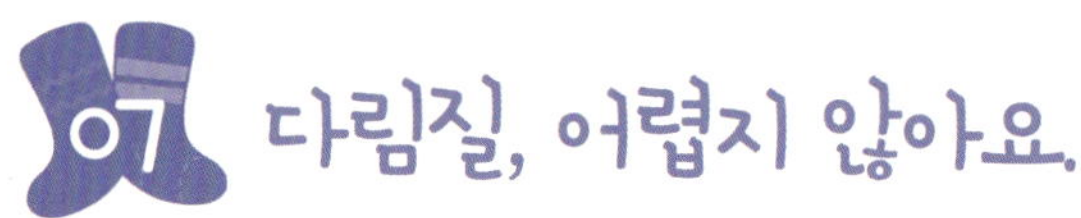

다림질, 어렵지 않아요.

아무리 비싸고 좋은 옷이라도 주름이 잔뜩 가 있는 구깃구깃한 옷이라면 깔끔하고 예쁘다는 인상을 주기 어렵습니다. 하지만 다림질은 어쩐지 번거롭고 어렵다는 생각이 들어서 할 엄두를 내기 어렵지요? 간단하게 다림질을 할 수 있는 방법을 알려 드릴게요.

다림질의 기본

자잘한 부분을 먼저, 넓은 부분을 나중에
왼손으로 주름을 펴면서 다리면 좀 더 쉽습니다.

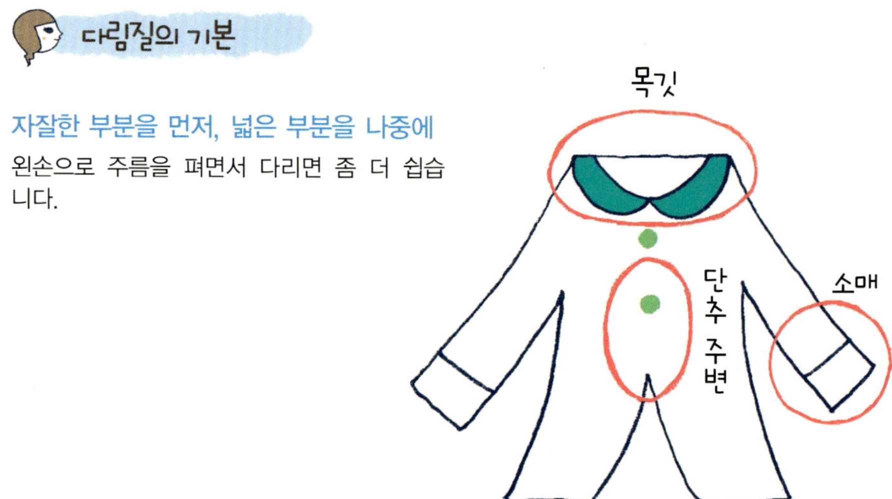

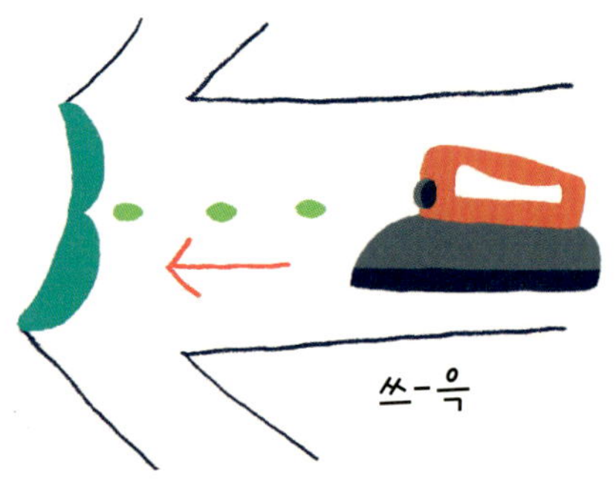

가볍게 미끄러뜨리듯 한 방향으로
다림질을 하다 보면 같은 곳을 몇 번이나 문지르기도 하는데요. 그랬다간 그 부분만 번질거릴 수 있으니 같은 곳을 여러 번 문지르는 다림질은 피합시다.

셔츠를 다림판에 올려놓고 나면 자기도 모르게 다리기 쉬운 앞판이나 뒤판부터 다리고 싶어집니다. 하지만 셔츠를 다리는 데도 순서가 있습니다.

❶ 소맷부리

다리미의 앞부분을 사용해서 소맷부리를 넓혀가며 다립니다.

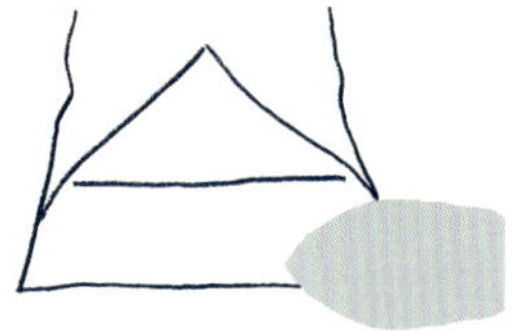

❷ 소매

주름을 펴면서 옆쪽 봉제선을 맞춘 후 소맷부리에서 어깨 쪽을 향해 다립니다.

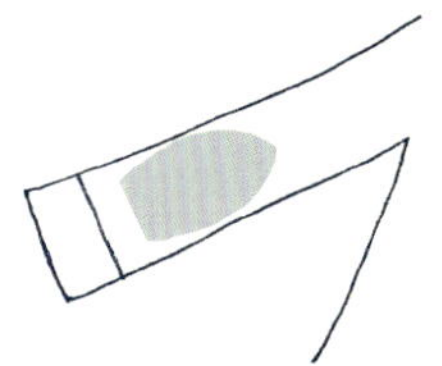

❸ 목깃

안쪽에서 다립니다. 목깃을 잡고 당겨 가면서 끝에서 중앙을 향해 다립니다.

❹ 앞판

한쪽 앞판을 다리미대에 펼친 후 밑단부터 목을 향해 다립니다.

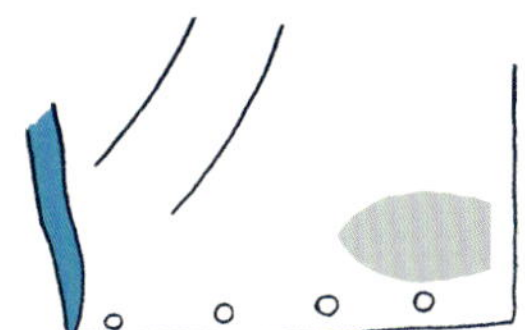

❺ 단추 주위

그대로 다리미 끝으로 단추 주위를 다립니다. 다음에는 반대쪽의 앞판을 다립니다.

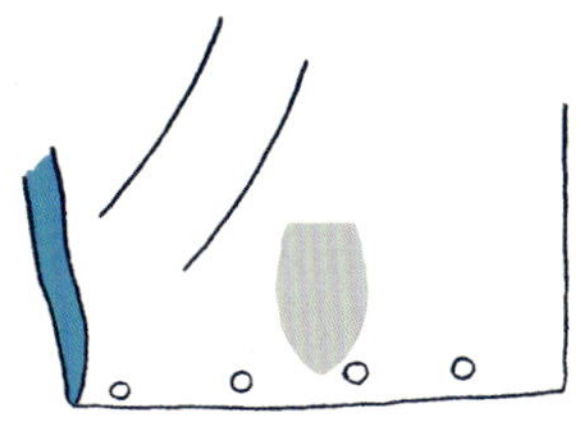

❻ 뒷판

뒷판을 다리미대에 올리고 조금씩 옮겨 가며 전체를 다립니다.

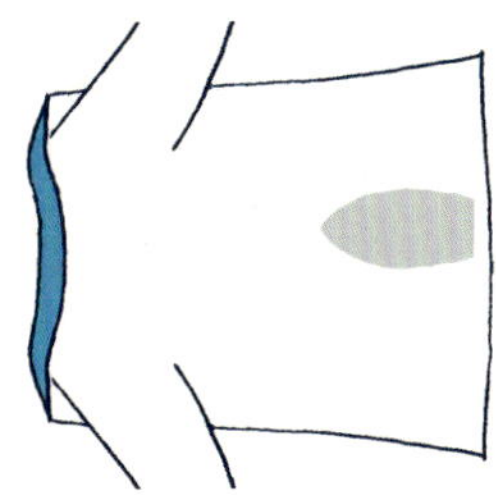

기본 바느질, 알아두면 편리해요.

떨어진 단추나 뜯어진 밑단을 수선 방법! 분명히 배운 적이 있는데, 도무지 기억나질 않아서 세탁소에 맡겨야 하나 고민한 적 있을 겁니다. 간단한 수선 바느질 정도는 내 손으로 해 보는 건 어떨까요?

 단추 달기

달랑거리는 단추가 있으면 발견하는 즉시 수선하는 것이 좋습니다. 달랑거리는 단추 때문에 인상이 달라질 수도 있고, 또 잠깐은 괜찮을 거란 생각으로 내버려뒀다간 단추를 잃어버려 난감해 질 수도 있답니다.

❶ 단추 달기의 시작

천 안쪽에서 단춧구멍에 바늘을 넣습니다. 다음은 단추 위에서 반대쪽의 구멍으로 넣고 이것을 몇 차례 반복합니다.

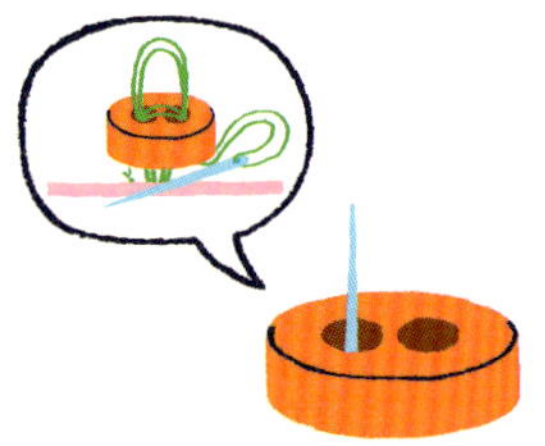

❷ 옷과는 간격을 적당히

너무 바짝 달면 나중에 단추를 잠그기 어렵습니다. 단추가 조금 움직일 수 있을 정도로 느슨한 것이 가장 좋습니다.

❸ 단추 달기 마무리

바늘을 천 바깥쪽으로 뺀 후 단춧구멍에는 넣지 않고 단추 아래쪽에 실을 2~3회 감아 줍니다.

❹ 매듭 짓기

바늘을 천 안쪽으로 뺀 후 바늘에 실을 두 번 감아 매듭을 짓습니다. 가능한 한 바짝 짓습니다.

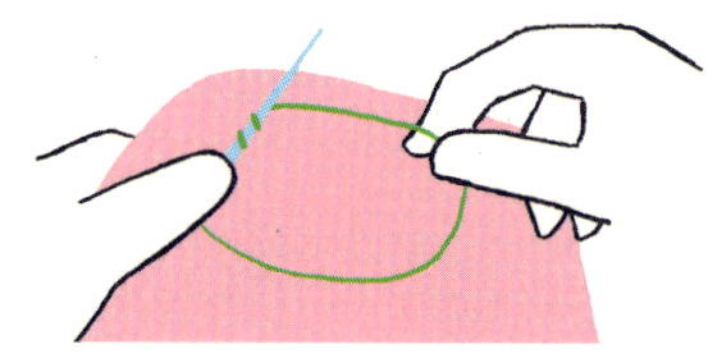

정장 바지나 치마에는 대부분 밑단이 있습니다. 밑단은 처음에는 조금 뜯어져 있었던것 같지만 어느 순간 후루룩 풀려서 손쓸 수 없게 되곤 합니다. 풀린 밑단을 쉽게 수선할 수 있는 바느질법을 알려드려요.

❶ 다림질로 접는 선 표시하기

접는 선이 확실히 나면 바느질하기 쉬워집니다. 바느질하기 전에 다림질을 해 접는 선을 확실히 표시해 둡시다.

❷ 바늘로 천을 살짝 뜨기

접은 선에 우선 바늘을 끼웁니다. 다음은 바로 가까운 바깥쪽의 천을 바늘로 살짝(섬유 1~2올 정도) 뜹니다.

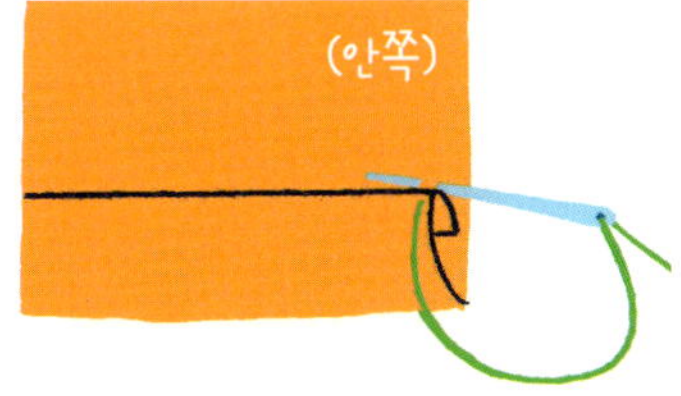

❸ 접은 선을 감치기

바늘을 왼쪽으로 옮기면서 접은 선에 바늘을 찔러넣고 다시 바깥쪽의 천을 뜹니다. 이 작업을 반복하면 밑단 감치기 완성! 이제 밑단이 깔끔하게 감쳐진 옷을 입고 다닐 수 있습니다.

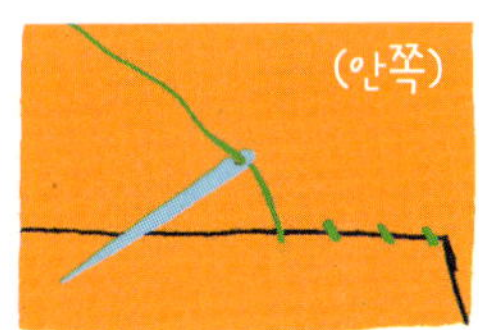

바느질하기 싫은 사람들은 어쩌죠?

아무리 쉽다고 해도 바느질은 도무지 적성에 맞지 않는다고 생각하는 사람! 집에 바늘과 실이라는 것 자체가 없다는 사람들에게 추천하는 방법입니다. 세상에는 밑단 수선 테이프라는 것이 있답니다. 밑단 수선 테이프는 다리미를 사용해 접착할 수 있습니다. 다림질조차 귀찮다면 옷감용 접착제도 있습니다. 바르는 것만으로 천끼리 붙어주니 간단하지요? 바느질을 하고 싶지 않은 분이라면 참고해 보세요.

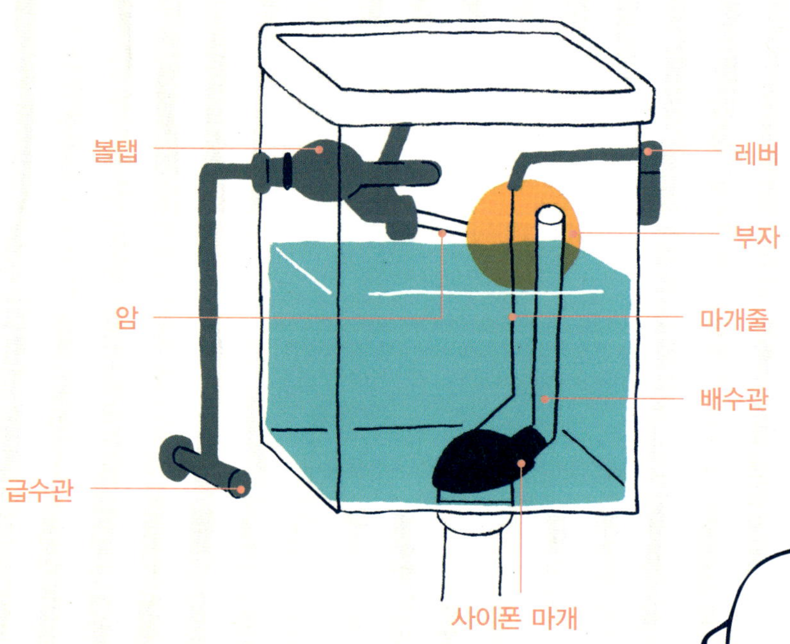

작동 원리

레버를 돌리면 사이폰 마개가 들려 물이 내려갑니다. 수위가 내려가면 사이폰 마개가 닫혀 배수가 멈춥니다. 탱크 내의 물이 줄면 부자의 위치가 저절로 아래로 내려가 볼탭의 마개가 열려 급수가 시작됩니다.

물이 내려가지 않을 때

- 급수관 밸브가 잠겨 있지는 않나요?
- 부자가 어딘가에 끼여서 움직이지 못하는 것은 아닌가요?
- 볼탭이 기울어 있지 않나요?
- 마개줄이 끊어지진 않았나요?

물이 멈추지 않을 때

- 사이폰 마개에 뭔가가 끼이진 않았나요?
- 마개줄이 어딘가에 걸려 있진 않나요?
- 부자가 어긋나거나 끼이진 않았나요?
- 볼탭 안의 패킹이 마모되지 않나요?

보글보글 맛있는
요리

 # 요리의 첫걸음, 도구부터 갖추어 볼까요?

요리를 시작하기 전에 갖춰야 할 기본적인 도구, 최소한의 것으로 충분합니다. 써서 익숙해지면 거의 모든 요리를 만들 수 있습니다. 본가의 남는 것을 가지고 오는 것도 좋습니다.

 ## 기본적인 요리 도구

볼, 채

밑손질에 빠져서는 안 되는 도구입니다. 직경 16센티미터 정도의 볼과 채를 세트로 준비합시다.

저울

디지털 타입이라면 세세하게 잴 수 있어 편리합니다. 요리 초보자일수록 계량을 정확히 해서 정해진 분량만큼만 사용하는 것이 좋습니다.

계량컵

200밀리리터가 표준입니다. 물 한 컵, 다싯물 2컵 등은 이 계량컵으로 잽니다. 요즘 요리책은 쉽게 구할 수 있는 종이컵으로 계량하는 경우도 있습니다.

계량 숟가락

조미료나 기름을 잴 때 씁니다. 큰술은 15밀리리터, 작은술은 5밀리리터입니다.

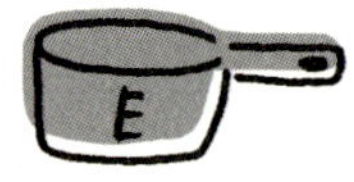

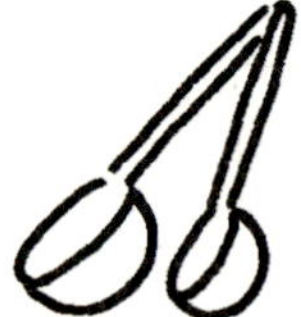

편수냄비

된장국이나 야채 데치기, 인스턴트라면 끓이기 등에 사용합니다. 직경 14~16센티미터 정도 되는 것이면 좋습니다.

도마

부엌에 맞춰서 쓰기 편하고 수납하기 좋은 크기로 고릅니다. 냄새나 곰팡이가 잘 제거되는 플라스틱이나 실리콘 도마가 편리합니다. 가끔은 일광 소독을 해 줍시다.

프라이팬

볶음 요리, 볶음밥 등을 만들기 쉬운 직경 24센티미터 정도의 팬으로 준비합시다. 요새는 무쇠팬 등도 인기를 얻고 있지만, 요리에 익숙하지 않은 사람에게는 무리입니다. 불소수지로 코팅된 프라이팬이 쓰기도 편하고 관리도 편합니다.

국자

국이나 스프처럼 액상 음식을 뜰 때 사용합니다.

식칼

전문가라면 재료별로 칼을 구비하기도 하지만, 자취생에게는 고기, 어류, 채소 등 식재료 전반을 자를 수 있는 만능 식칼이 좋습니다. 날의 길이는 18센티미터 정도가 적당합니다. 스테인리스 제품이라면 손질하고 관리하기도 편합니다.

양수냄비

끓이기를 해야할 때 필요합니다. 카레나 파스타 등을 삶을 때 사용한답니다. 직경 18센티미터 정도의 냄비를 준비하면 적당합니다. 그을음이 잘 벗겨지는 소재의 냄비를 선택합시다.

주걱

전체적으로 섞거나 버무릴 때는 젓가락보다
편리합니다. 내열성의 고무주걱을 쓰면 프라
이팬에 상처도 주지 않아 좋습니다.

필러

감자나 당근, 생강, 무 등의 껍질을 벗길 때
편리합니다. 칼로 깎는 것보다 간단하지요.
손재주가 없는 사람에게 추천합니다. 다만
너무 힘을 주면 손을 다칠 수 있습니다.

긴 나무젓가락

손잡이가 긴 나무젓가락은 튀김을 하거나
삶거나 데친 채소를 건져 낼 때 편리합니다.
주걱이 없을 때는 섞거나 버무리는 요리를
할 때도 쓸 수 있답니다.

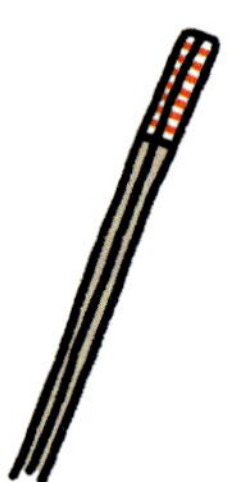

뒤지개

전이나 계란프라이, 오믈렛, 동그랑땡 등을
뒤집을 때 씁니다.

부엌 가위

비닐을 자르는 가사용 외에도 요리용 가위를 하나 따로 마련해 두
면 편리합니다. 김은 물론이고 파나 김치, 고추 등을 자를 때 식칼
대용으로 사용할 수 있습니다. 다 쓴 뒤에는 깨끗하게 씻어서 말려
야 녹이 슬지 않습니다.

 ## 기본적인 식기

밥그릇

매일 사용하는 밥그릇, 견고하고 가벼워야 할 뿐 아니라 자신의 디자인 취향에도 맞는 것을 고르세요.

국그릇

국이나 찌개를 담는 국그릇은 밥그릇보다 한 사이즈 정도 큰 것을 구입합니다.

큰 접시

구운 것이나 볶음 요리 등 식사의 주요 요리를 담을 때 사용합니다. 파스타나 카레 등 국물이 있는 요리를 담을 때도 사용할 수 있도록 약간 깊이가 있는 것을 구입하면 편리합니다.

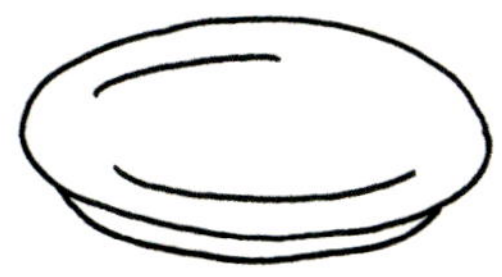

면기

국수, 우동, 라면 등의 면류나 스튜 같은 요리에 잘 맞는 깊이 있는 그릇을 고르되, 디자인은 아무 요리에나 잘 어울리는 심플한 것이 좋아요.

작은 접시

반찬을 덜어먹거나 나물 등의 곁들임 반찬, 디저트를 담을 때 사용합니다. 양념종지까지 준비하지 못했다면 양념을 담을 때 쓰기도 합니다.

머그컵

차나 커피 등을 마실 때 쓰기도 하지만 따뜻한 인스턴트 스프를 만들 때 사용하기도 합니다. 금속박이 없다면 전자레인지에 돌려도 안심!

숟가락과 젓가락

매일 사용하는 것이므로 길이나 굵기 등이
손에 맞는 것이 중요합니다. 손님이 올 경우
를 대비해 추가로 몇 벌 준비해 둡시다.

유리컵

물과 주스, 술 등 여러 가지 음료를 마실 때
사용할 수 있습니다. 유리컵은 열에 민감하
므로 전자레인지에 넣거나 뜨거운 액체를
담지 않도록 주의해야겠지요? 손잡이가 없
어 겹쳐서 수납할 수 있습니다.

양식기

나이프와 포크, 스푼이 준비되어 있으면, 가끔 분위
기를 내어 먹을 때 편리합니다. 파스타 같은 음식은
포크 없이 먹기는 어렵지요. 여유가 있다면 티스푼과
케이크 포크도 갖추면 좋겠지요? 친구나 손님이 왔
을때 유용합니다.

 ## 02 어떤 조미료가 필요한지 알아볼까요?

기본적인 조미료만 있으면 요리도 그리 어렵지 않아요. 조미료의 맛과 사용하는 요리, 주의사항을 알아보고, 자취생활에 꼭 필요한 것과 있으면 좋은 조미료를 나누어 볼게요.

 ### 기본 조미료

설탕

백설탕과 흑설탕 중 취향에 따라 선택합니다. 오래 보관하면 뭉치기도 하고, 개미가 꼬일 수 있으니 소량으로 구입하고 유리병 등에 보관하는 것이 좋습니다.

소금

보슬보슬하고 잘 녹는 정제된 식염과 간수를 빼지 않은 맛이 강한 천연소금이 있습니다. 맛에 큰 차이는 없으니 둘 중 하나만 있어도 괜찮습니다.

간장

오래되면 맛이 변하므로 작은 용량으로 사는 것이 좋습니다. 조림에 쓰이는 양조간장과 국이나 무침에 주로 쓰이는 국간장이 있습니다. 맛에 차이가 있으니 둘 다 구비하는 편이 좋습니다.

식초

과일식초부터 곡물식초까지 다양한 종류가 있습니다. 맛의 차이가 크지 않으므로 어느 것이든 마음에 드는 것으로 선택하면 됩니다.

후추

모든 요리에 사용할 수 있습니다. 검은 후추와 흰 후추가 있는데, 흰 후추가 맛과 향, 색이 부드럽습니다. 취향에 따라 선택합니다.

맛술

단맛과 감칠맛을 더하거나 윤을 내고 싶을
때 사용합니다.

식용유

냄새가 적고 여러 가지 요리에 사용하기 쉬
운 식물성 기름입니다. 콩기름, 포도씨유, 카
놀라유 등이 있으며, 취향이나 용도에 맞게
선택하면 됩니다.

된장 · 고추장

브랜드별로 용도에 맞게 기성제품이 많이
나와 있으니 입맛에 맞는 것을 골라서 쓸 수
있습니다. 부모님 댁의 된장과 고추장을 얻
어와서 쓰는 것도 좋습니다.

다시 가루

개봉 후 오래 두면 습기를 먹어 단단해지고
냄새가 납니다. 1봉씩 포장되어 있는 과립형
이나 액상형이 좋으며, 가장 소량을 구매합
니다.

조미료는 어떤 용량의 제품을 사는 게 좋을까요?

정해진 생활비로 살다보면 조금이라도 아끼고 싶고, 그러다 보면 용량이
큰 제품이 단위 가격으로 보면 싸게 느껴질 수 있습니다. 하지만 혼자 살
면 유통기간 내에 다 쓰기 어렵습니다. 그리고 얼마나 자주 쓰게 될지, 얼
마나 많이 쓰게 될지도 알 수 없지요. 혼자서 살림을 시작할 때는 일단 가
장 작은 것을 사도록 합시다.

토마토케첩

볶음밥이나 오믈렛, 소시지 볶음, 계란프라이 등에 뿌려 먹거나 나폴리탄 스파게티, 칠리새우 등을 만들 때 사용합니다.

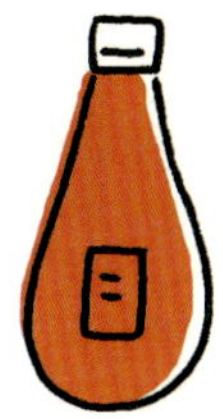

국수장국

메밀국수나 우동 등을 만들 때, 탕이나 볶음 등에도 조미료로 사용할 수 있습니다.

참기름

나물이나 기름간장을 만들 때, 요리의 풍미를 더할 때 사용합니다.

우스터 소스

야채볶음밥이나 크로켓에 사용합니다. 한 병 있으면 편리합니다.

불고기 양념장

불고기뿐 아니라 고기가 들어가는 구이나 볶음 등의 맛내기에도 씁니다.

두반장

빨간 고추가 잔뜩 들어간 매운 조미료입니다. 마파두부를 비롯해서 중화요리의 매콤달콤한 맛을 낼 때 사용합니다.

굴 소스

굴 풍미를 농축한 소스. 볶음이나 탕 등에 사용하면 독특한 풍미와 향을 낼 수 있습니다.

폰즈 간장

절임, 샐러드, 구운 생선, 냄비 요리 등에 씁니다.

녹말가루

물에 풀어 볶음이나 탕을 걸쭉하게 하거나 고기나 생선에 묻히면 바삭하게 튀겨집니다.

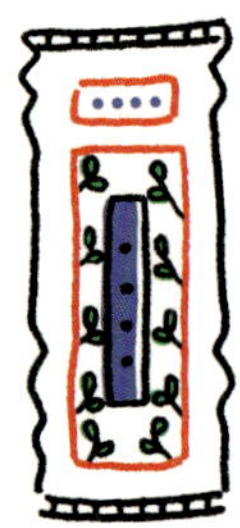

올리브 오일

파스타나 샐러드의 맛을 한층 좋게 해 줍니다. 샐러드와 파스타 모두에 쓸 수 있는 엑스트라 버진이 편리합니다. 발열점이 낮으니 주의하세요.

술

고기나 어류의 냄새를 줄이고 소재를 부드럽게 하는 역할을 합니다. 요리술이 조금 더 편합니다.

마요네즈

샐러드를 만들거나 다른 양념과 섞어서 딥(dip) 요리를 만들기 좋습니다. 오래 두면 기름냄새가 나므로 소량으로 구입하여 상비해 둡시다.

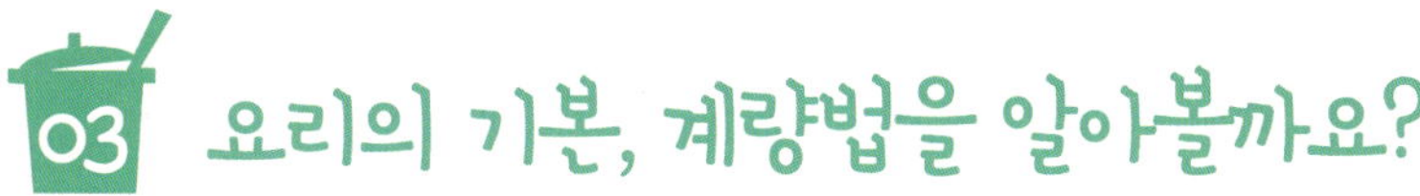

요리의 기본, 계량법을 알아볼까요?

요리에 익숙해지기 전까지는 눈짐작보다는 정확히 계량해서 요리하면 최악의 맛은 피할 수 있겠죠? 정확한 계량법을 기억해두었다 정량만큼만 사용하는 것으로도 요리의 맛이 확연히 달라질 수 있답니다.

 ## 큰술과 작은술

1작은술=5밀리리터/3센티미터

작은술은 직경 3센티미터 정도의 원형 스푼입니다.

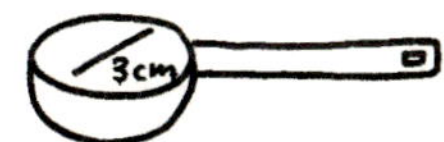

1큰술=15밀리리터/4센티미터

큰술은 직경 4센티미터 정도의 원형 스푼입니다.

 ## 액체의 계량법

1큰술

액체가 스푼의 가장자리와 수평이 될 정도의 양으로, 넘칠 때까지 붓지 않도록 주의하세요.

1/2 큰술

스푼의 깊이 8할 정도까지 붓습니다. 바닥 부분은 용량이 적으므로, 반 정도만 부어서는 부족합니다.

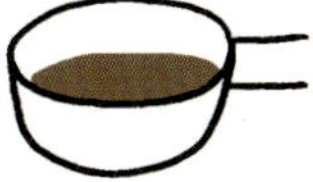

1컵의 계량법

200밀리리터(1컵)가 정확히 계량되는 계량컵의 경우는 가장자리부터 넘치기 직전까지 붓습니다. 가루일 때는 스푼의 손잡이로 깎아줍니다.

마요네즈 1큰술 계량하는 법

큰술에 끈적끈적하게 붙어 버리는 마요네즈나 토마토케첩은
약 4센티미터 정도(큰술의 직경)로 봉긋하게 짜면 OK. 다른
조미료와 달리 조금 더 넣거나 덜 넣어도 괜찮습니다.

 ## 가루의 계량법

1큰술

스푼 가득 뜬 후 다른 스푼의 손잡이로 깎아
표면을 평평하게 합니다.

1/2 큰술

위쪽을 깎은 다음 스푼의 손잡이 끝 등으로
절반의 선을 긋고 반을 덜어냅니다.

1/4 작은술의 계량법

1/2 작은술에서부터 다시 반을 덜어냅니다. 소금 1/4작은술
이라는 레서피는 자주 나오므로 너무 많이 넣지 않도록 신중
하게 잽니다.

있으면 편리한 식재료를 알아볼까요?

대신 장을 봐줄 사람이 없는 자취 생활. 너무 바빠서 한동안 장을 보러 갈 수 없어도 집에 뭔가가 있으면 안심할 수 있지요. 물과 라면으로만 버티는 생활은 절대 금지!

주식

한국인에게는 빼놓을 수 없는 쌀은 반드시 상비해 둡시다. 오래 보관할 수 있는 건면은 어떤 식으로 조리해도 잘 어울리는 파스타를 추천합니다.

고기, 생선

생고기나 생선의 경우 그날 다 먹지 못할 분량은 냉동하여 보관합니다. 명란, 창란, 오징어 등의 젓갈류는 밥반찬으로, 베이컨이나 햄, 소시지는 아침 식사로 좋습니다.

유제품 등

우유나 치즈, 달걀은 양질의 단백질을 제공하는 식품이니 항상 준비해 두는 것이 좋습니다. 유통기한을 잘 체크하도록 합니다.

채소

카레의 기본 재료인 감자, 양파, 당근은 다른 요리에도 응용할 수 있습니다.

캔이나 통조림(보존식)

토마토 캔은 스튜나 파스타를 만들 때 쓸 수 있고,
참치캔은 찌개는 물론이고 샐러드, 볶음밥에 넣어
먹을 수 있습니다. 자른 미역도 있으면 국이나 무
침을 할 수 있습니다.

냉동식품

믹스 베지터블은 채소가 필요한데 싱싱한 채소가
없을 때 유용합니다. 옥수수, 완두콩, 당근, 감자
등이 들어 있어 색과 영양면에서 우수합니다. 여차
할 때는 조금 비싸긴 하지만 냉동 볶음밥이나 냉
동 피자 등을 이용할 수도 있습니다.

05 식료품 쇼핑의 절대 원칙

식재료가 신선하면 복잡하고 어려운 요리를 할 필요 없이도 맛있는 음식을 먹을 수 있습니다. 신선한 식재료를 찾아서 신선할 때 요리합시다. 식료품을 구입할 때 신경 써야 할 포인트 몇 가지를 알려드립니다.

1. 쇼핑은 활기 있는 매장에서

가게의 분위기나 물건의 판매율을 체크해 봅시다. 손님이 많은 슈퍼는 복잡한 대신 상품의 회전이 빨라 신선한 재료가 많습니다.

2. 비교 분석은 필수!

상품의 종류나 가격은 슈퍼에 따라 제각각입니다. 슈퍼마다 신경을 쓰는 분야도 다르기 때문에, 어떤 곳은 채소가 좋고, 어떤 곳은 고기의 질과 가격이 더 좋을 수 있습니다. 이런 특징을 찾아내는 것도 재밌지요. 재래시장에도 들러봅시다. 싸고 신선한 재료를 찾을 수 있습니다.

3. 구매는 소량으로

혼자 살다 보면 언제 외식을 하게 될지 알 수 없습니다. 그렇기 때문에 식재료는 소량으로 구매하는 것을 추천합니다. 특별 할인 판매나 신상품에 현혹되어 충동적으로 구매하지 않도록 조심합시다.

4. 상품 설명은 꼼꼼히

신선도는 물론, 산지나 첨가물 등의 라벨표시도 꼭 확인하여 안전한 것을 고릅시다.

06 제철채소를 기억하세요.

제철에 난 채소는 맛있을 뿐 아니라 영양면에서도 가장 우수하고, 가격까지 쌉니다. 이제까지는 무심결에 넘겼던 채소의 제철! 지금부터라도 계절별로 제철 채소를 알아둡시다.

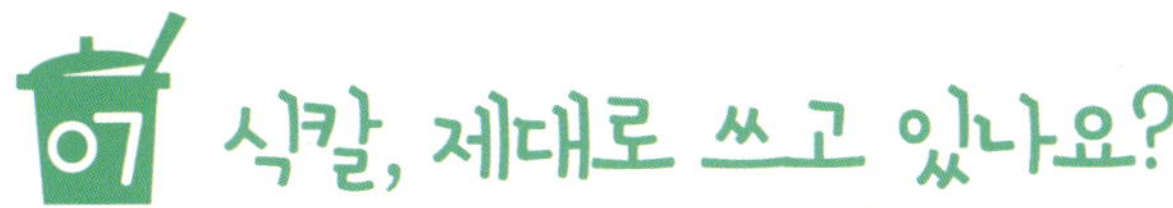 **식칼, 제대로 쓰고 있나요?**

잘 드는 식칼을 사용하는 것도 중요하지만 제대로 쥐고 요령껏 써는 것 역시 중요합니다. 식칼은 자칫하면 안전사고로 이어질 수 있는 위험한 도구이니 쥐는 법부터 활용법까지 제대로 숙지합시다.

 **올바른 식칼 쥐는 법**

칼의 구조부터 파악해요.

칼의 부위별 이름을 알아둡시다.

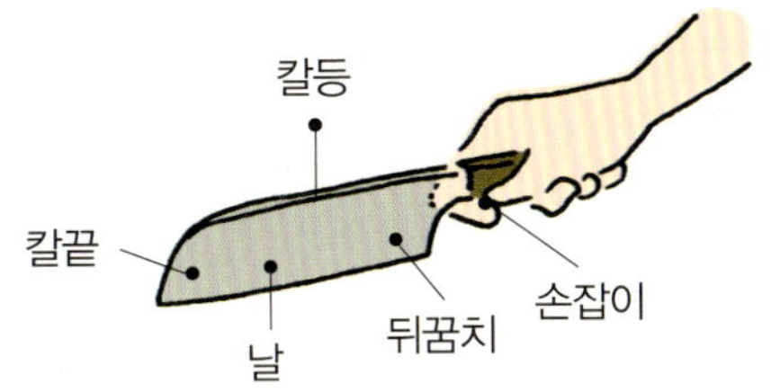

손잡이는 손바닥 전체로 잡아요.

자를 때 덜컥덜컥하지 않도록 손바닥 전체로 손잡이를 잡습니다. 엄지를 손잡이의 연결 부분에 대고 검지를 칼등에 살짝 걸치듯이 합니다.

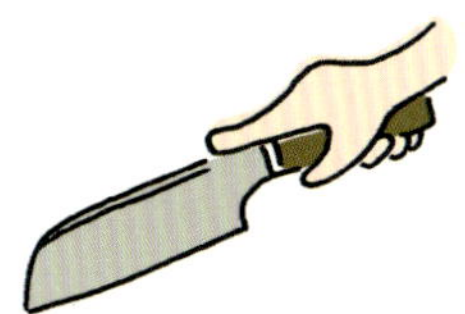
검지를 똑바로 펴서 칼등에 올리는 것도 괜찮습니다.

손가락 끝을 펴서 재료를 누르면 칼날에 베이기 쉽습니다. 버릇이 되지 않도록 조심합시다.

재료를 누를 때는 손가락을 구부려서

재료에 올린 손가락 끝을 잡아당기듯이 해서 가볍게 구부린 후, 손가락 관절로 칼날을 받치듯이 해서 자르면 손가락 끝을 벨 위험이 없습니다.

자를 때는 미끄러뜨리듯이

위에서부터 눌러서 잘라 내는 것이 아니라 비스듬하게 앞으로 스윽 미끄러뜨리듯 움직여 자릅니다. 이렇게 하면 무리하게 힘을 주지 않아도 되고, 좀 더 안전합니다.

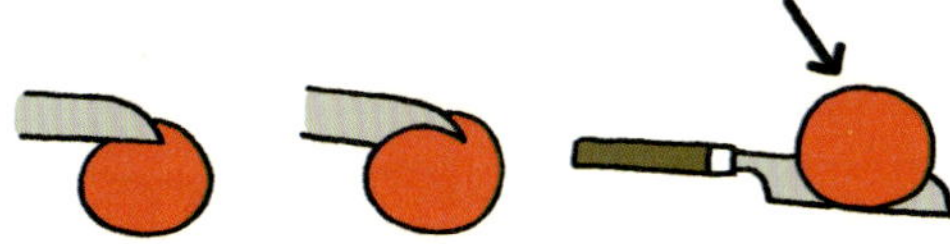

도마는 고정

도마 밑에 적신 키친타월을 놓아 두면 도마가 움직이지 않아 안전해요.

거리는 주먹 하나만큼

거리는 조리대에서 몸을 주먹 하나 정도만큼 떨어져 서서 몸을 앞으로 숙이지 않도록 합니다.

칼은 도마와 직각으로

한쪽 발을 한 발짝 뒤로 빼면 몸이 살짝 사선이 되어 식칼이 도마에 직각이 되므로 도마를 효율적으로 쓸 수 있습니다.

오른발은 한 발 뒤로

오른발 (잘 쓰는 손 쪽의 발)을 한 발짝 뒤로 빼면 몸이 안정되어 지치지 않습니다.

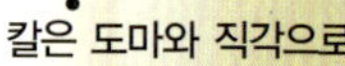

 # 채소를 써는 다양한 방법을 배워 볼까요?

요리에 따라 써는 법도 여러 가지입니다. '왜 굳이 다른 모양으로 썰어야 하지?'라고 생각할 수 있지만, 써는 법에 따라 양념이 배는 것이 다르기 때문입니다. 기본이 되는 12가지 써는 법을 익혀 두면 웬만한 요리법에서 권하는 것은 다 할 수 있습니다.

편 썰기

양파나 당근, 생강 등 여러 가지 채소를 끝에서부터 얇게 써는 방법입니다.

채 썰기

양배추나 당근 등을 결을 따라 가늘게 써는 방법입니다. 편썰기를 한 다음 겹쳐서 끝에서부터 썰면 채썰기가 됩니다.

다지기

아주 잘게 써는 것입니다. 채썰기를 한 다음에 방향을 돌려 더욱 잘게 썰어주는 경우가 많습니다.

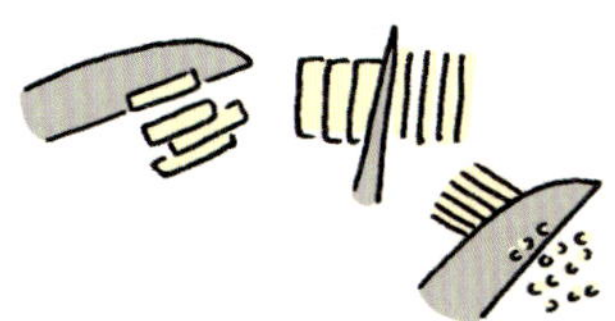

막대 썰기

무나 당근 등을 길이 5~6센티미터, 두께는 7~8밀리미터 정도를 기준으로 써는 방법입니다.

송송 썰기

파, 오이 등 가늘고 긴 채소를 폭이 좁은 쪽부터 얇게 써는 방법입니다.

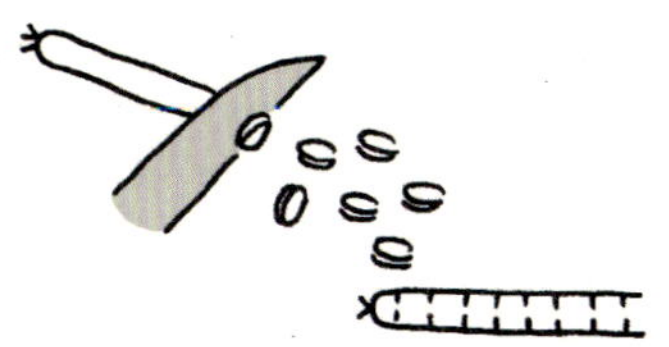

저며 썰기

배추나 표고버섯 등 두께가 있는 채소나 버섯 등을 비스듬히 저미듯이 써는 방법입니다.

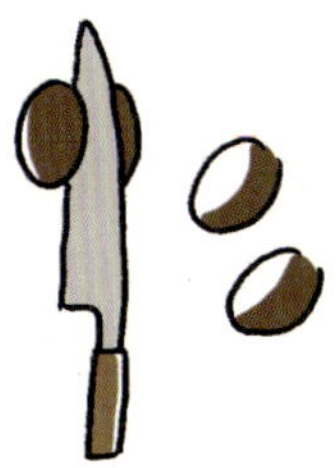

통 썰기

무나 당근 등 통모양의 채소를 끝에서부터 둥근 모양을 살려 써는 것. 두께는 요리법에 맞추어 조절합니다.

반달 썰기

통썰기의 절반 크기로 써는 것을 말합니다. 무나 당근을 세로로 반을 썬 후 끝에서부터 썰면 반달이 됩니다.

은행잎 썰기

반달썰기의 절반 크기로 써는 것을 말합니다. 무나 당근을 네 등분해서 끝에서부터 썰면 은행잎 모양이 됩니다.

숭덩숭덩 썰기

단면의 모양이 일정하지 않더라도 크기는 비슷하게 써는 것을 말합니다. 식칼이 아니라 채소를 움직여서 써는 것이 포인트!

빗모양 썰기

토마토나 양파 등 둥근 채소를 방사형으로 써는 방법입니다.

어슷썰기

파나 오이, 그린 아스파라거스 등 얇고 긴 채소를 비스듬히 써는 방법입니다.

 # 영양 밸런스도 잊지 말아요.

편한 인스턴트 식품이나 좋아하는 면, 고기류만 먹다 보면 피부가 거칠어지거나 변비에 걸립니다. 영양 밸런스에도 신경 씁시다. ( ) 안은 1일 기준량이니, 하루의 식단을 짤 때 참고합시다.

 ## 에너지원 식품

밥(1그릇)

유지류, 설탕(2큰술)

식빵(1장)

스파게티(80g)

 ## 단백질원 식품

생선(1조각)

고기(80g)

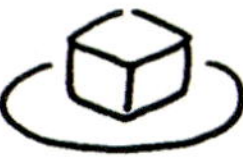
두부(1/2모)

우유(2컵)

달걀(1개)

조개류(약간)

 ## 비타민·미네랄원 식품

감자류(100g)

버섯, 해조류(조금)

과일(조금)

녹황색 채소(100g)

담색채소(200g)

채소별 재료 손질법을 알려드려요.

채소의 특징을 파악해 손질해 두는 것이 좋은데, 번거롭지만 이 작업이 요리의 맛을 좌우합니다.

감자

껍질을 벗길 때는 필러로

껍질을 벗길 때는 필러가 편리합니다. 그러나 손을 베지 않도록 조심합시다. 감자를 확실히 손바닥에 올려서 고정하는 것이 요령입니다.

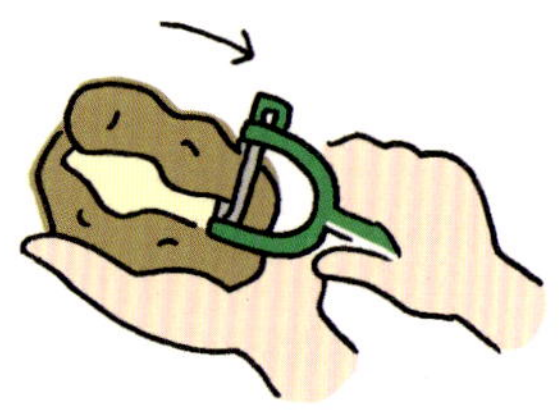

싹은 제거

감자의 싹이나 녹색으로 변색한 껍질에는 솔라닌이라는 유독물질이 함유되어 있으므로 반드시 제거합니다. 싹은 식칼의 뒤꿈치를 이용하거나 필러의 싹 제거 부분을 사용해서 도려냅니다.

자른 후에는 물에 담그기

자른 단면의 변색을 막고 여분의 전분질에서 나온 끈적함을 없애기 위해 물에 담가둡니다.

전자레인지로 미리 익히기

씻어서 물기가 있는 채로 껍질째 랩으로 싸 전자레인지(600W)로 한 개당 3분(100그램당 2분)을 기준으로 가열합니다. 부드러워지면 OK.

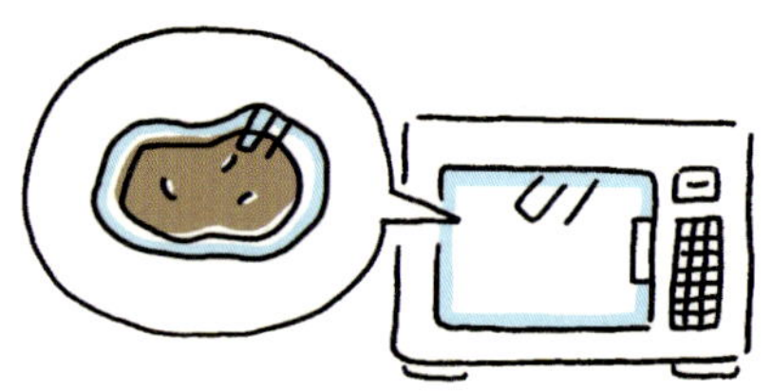

당근

껍질을 벗길 때는 필러로

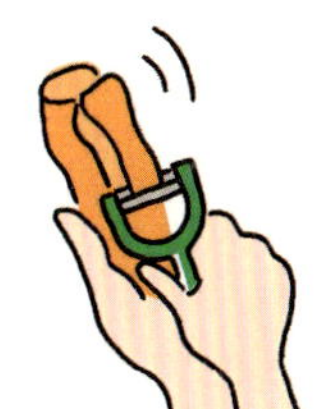

당근 껍질을 식칼로 벗기면 너무 두껍게 벗겨지므로, 필러를 사용하는 것이 좋습니다.

숭덩숭덩 썰기

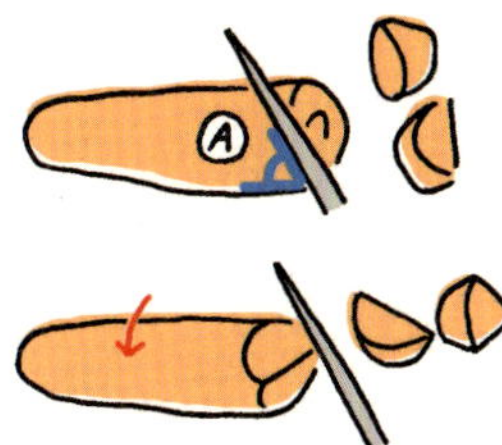

당근을 도마에 눕혀 놓고 식칼을 비스듬히 넣어 자르되 식칼의 각도(A)를 유지합니다. 당근을 앞에서 90도 돌려 잘린 면이 위로 가게 한 후 처음과 같은 각도로 자릅니다. 이것을 반복합니다.

호박

씨는 숟가락으로

호박은 씨와 속부분부터 상하기 쉽습니다. 구입한 후 바로 숟가락으로 씨와 속을 모두 제거한 후 자른 단면에 랩을 감아 보관합니다.

전자레인지로 가열

전자레인지로 가열하면 쉽게 익힐 수 있습니다. 전자레인지로 가열할 경우는 100그램 당 2분을 기준으로 합니다. 호박의 겉면을 깨끗하게 씻은 후 비닐봉지에 넣고 봉지 입구를 호박 아래로 넣은 후 전자렌지에 넣어 가열합니다. 바로 열면 증기에 델 수 있으니 식은 후에 꺼내어 조리합니다.

고구마

군고구마를 간단히

수분이 적으므로 키친타월을 감아 물로 적신 후 랩으로 싸서 전자레인지에 넣고 삶습니다. 600W 전자레인지를 사용한다고 생각할 때, 100그램당 2분을 기준으로 가열 시간을 계산합니다. 오븐토스터가 있다면 껍질이 마를 때까지 10분 정도 구워주세요. 맛있는 군고구마가 됩니다.

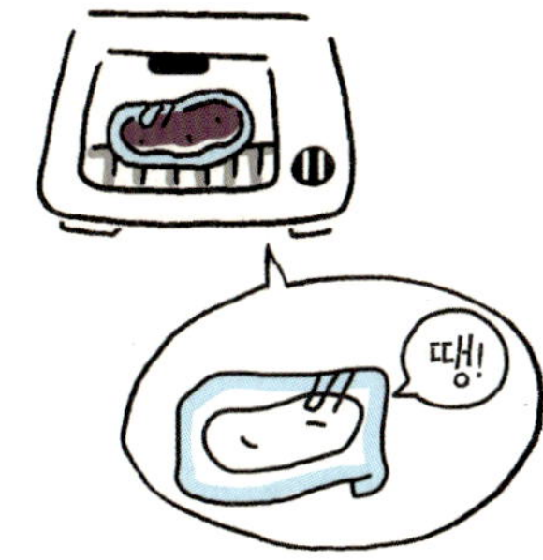

 ## 토마토

꼭지는 칼끝을 이용해서

토마토는 꼭지를 위로 해서 도마에 놓고 꼭지의 옆에 칼끝을 비스듬히 찔러 넣어 토마토를 돌리면서 꼭지 주변을 빙글 돌려서 떼어냅니다.

껍질은 익혀서 벗기기

❶ 토마토는 꼭지를 떼고 뒤집어 십자로 얕게 칼집을 넣습니다.

❷ 작은 냄비에 물을 끓인 후 국자에 토마토를 얹어 끓는 물에 넣습니다. 칼집을 넣은 껍질이 벌어지면 건집니다. 잘 익은 토마토는 몇 초면 되지만 익지 않은 토마토라면 시간이 걸립니다.

❸ 물에 담가 껍질을 벗깁니다. 껍질이 갈라진 부분을 잡고 스윽 벗겨냅니다.

씨는 옆으로 잘라서

익혀서 벗긴 토마토의 씨를 뺄 때는 옆으로 반을 썹니다. 우묵한 쪽에 손가락을 넣어서 씨를 빼면 간단합니다.

껍질 벗기기

한 개를 모두 사용할 때는 껍질을 벗긴 후 자릅니다. 1/2개나 1/4개밖에 쓰지 않을 때는 자른 후 껍질을 벗기는 편이 편합니다. 남은 것도 껍질이 있는 채로 보존하는 편이 마르지 않습니다.

손으로 떼어 주기

편썰기 한 양파를 썬 채로 프라이팬이나 냄비에 쏟아 넣으면 떼어내기 어렵습니다. 손으로 하나씩 떼어 낸 후 넣습니다.

물에 담가서 매운 맛빼기

익히지 않고 샐러드에 사용할 때는 편썰기한 후 물에 담갔다가 채에 받쳐 물기를 뺍니다. 매운 맛과 특유의 냄새가 빠집니다.

결을 따라 썰기

식칼로 뿌리 부분을 V자로 칼집을 넣어 도려낸 뒤 결을 따라 썰어주세요. 결을 따라 썰면 가열해도 잘 뭉개지지 않아 재료의 아삭한 식감을 즐길 수 있습니다.

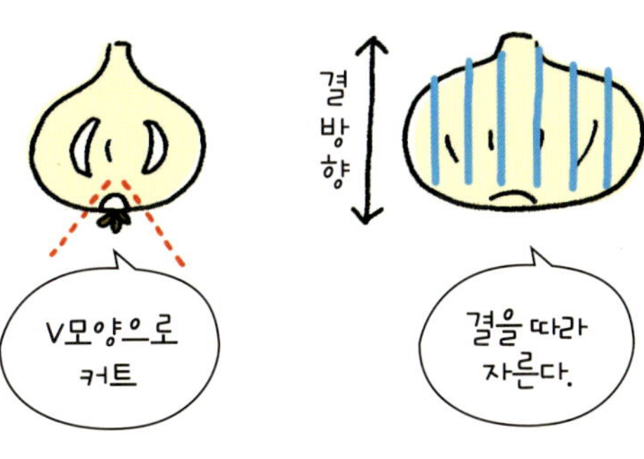

결과 직각으로 썰기

뿌리는 남긴 채 결과 직각으로 썹니다. 이 방법으로 썰면 양파의 섬유를 자르게 되어, 단맛이 잘 우러나고 금방 익습니다. 볶음 요리나 물에 담가 매운 맛을 뺄 때 좋습니다.

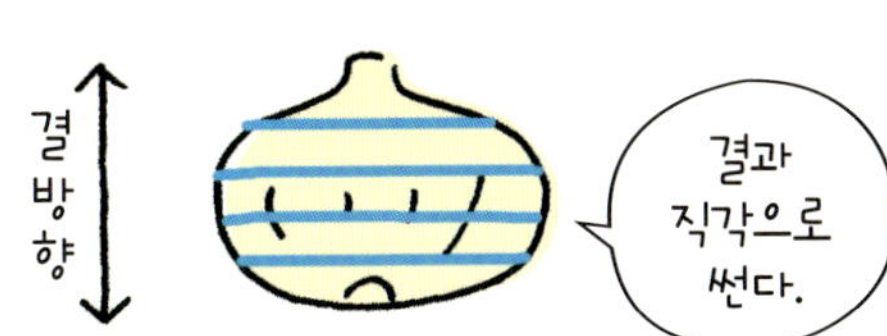

결을 따라 다지기

세로로 반을 잘라, 뿌리 부분 1/3은 남긴 채로 결을 따라서 칼집을 넣습니다. 좌우 양쪽 끝은 양파의 둥글기에 맞춰 비스듬히 칼집을 넣습니다.

결과 직각으로 자르기

90도 돌려서 결과 직각으로 잘게 자르면 다지기가 됩니다.

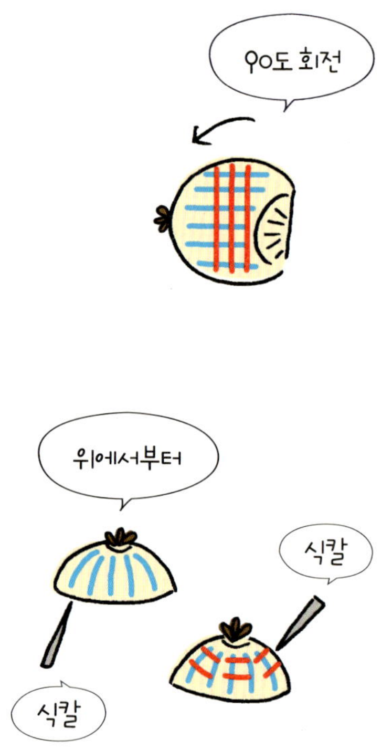

뿌리 부분도 마찬가지

뿌리 부분까지 자르면 자른 단면을 아래로 놓고 마찬가지로 결을 따라 칼집을 넣은 후 결과 직각으로 자릅니다.

가지

다듬기

단단해서 먹지 못하는 부분이 꼭지, 하늘하늘한 부분이 받침입니다. 꼭지만 잘라내고 받침은 손으로 떼어냅시다.

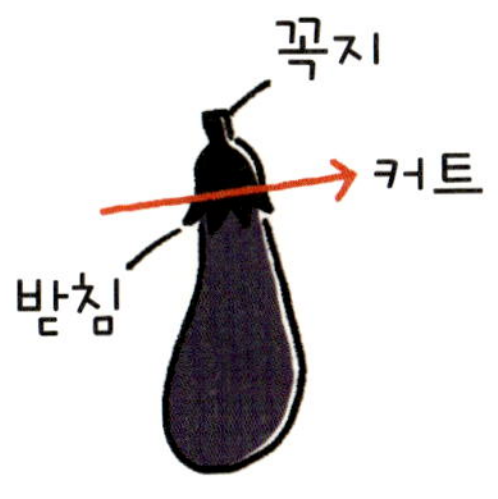

떫은 맛 빼기

자른 면이 공기에 닿으면 갈변이 일어나고 쓴맛이 납니다. 이 떫은 성분은 물에 녹으므로 가지를 자르면 10분 정도 물에 담가둡시다. 바로 기름에 볶을 때는 떫은맛이 기름에 우러나므로 물에 담글 필요는 없습니다.

콩나물

다듬기

가느다랗게 자란 '수염뿌리'를 잘라 내면 보기에도 깨끗하고 식감도 사각사각합니다. 조금 정성을 들여 봅시다.

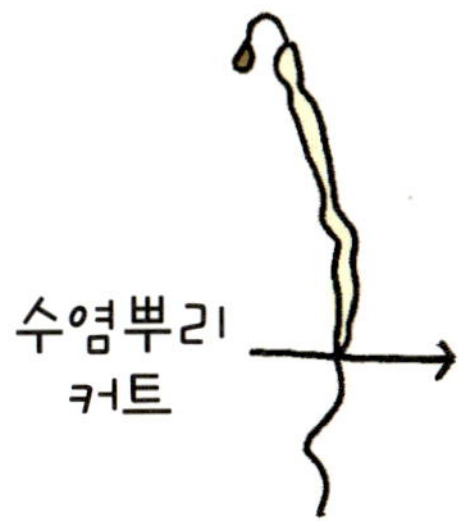

볶을 때

콩나물을 비닐봉지에 넣고 기름을 약간 넣은 후 봉지 안에서 묻혀준 뒤 볶습니다. 기름으로 코팅되면 수분이 잘 나오지 않아 전체적으로 온도가 올라가 순식간에 가열됩니다.

찔 때

씻은 콩나물을 내열접시에 넣고 랩을 덮은 뒤 전자레인지(600W)에 100그램당 1분을 기준으로 가열합니다. 남은 열로도 계속 익으므로 체에 받쳐 식힙니다.

 오이

소금으로 주물러 나긋나긋하게

절임이나 샐러드에 사용할 때는 소금을 넣고 주물러 여분의 물기를 뺍니다. 오이 1개분의 통썰기에 소금 약 1/2 작은술을 뿌려 무친 후 10분 정도 두었다가 양손으로 꼭 짭니다.

통썰기 요령

오이를 통썰기하면 간혹 데굴데굴 굴러 도마 아래로 떨어져버리곤 합니다. 이때 식칼의 칼날을 약간 안쪽으로 기울이면 썬 부분이 옆으로 쓰러져서 잘 굴러가지 않습니다.

 피망

꼭지 떼는 법

세로로 반을 자른 후 꼭지를 씨와 함께 손으로 떼어냅니다. 씨가 좀 남았다면 물로 가볍게 헹궈주세요. 쉽게 떨어집니다.

 ## 무

부위별 맛의 차이

무청 부분은 달지만 단단하고, 한가운데는 매운 맛이 덜하고 부드럽습니다. 끝부분에 가까워지면 아릿한 매운 맛이 있습니다. 무를 잘라서 판다면 취향에 따라 고릅시다.

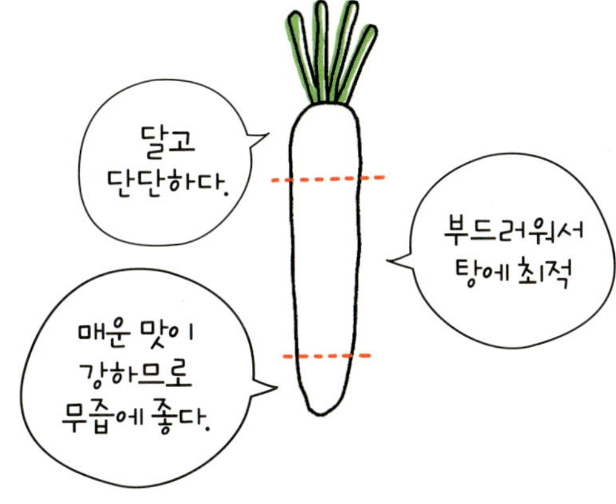

 ## 순무

영양가가 높은 무청

무청(순무의 잎)에는 칼슘이 풍부하게 함유되어 있습니다. 금세 누렇게 뜨면서 상하기 시작하니 된장국이나 찌개 등에 넣어 색을 더하거나, 볶음 혹은 나물로 만들어 먹어 봅시다.

빨리 익히기

무는 원래 익는 데 시간이 많이 걸립니다. 하지만 몸통을 빗모양으로 썰어 찌개 등에 넣으면 오래 끓이지 않아도 됩니다. 너무 익히면 안쪽에서부터 뭉개지니 주의합니다.

 ## 배추

잎과 심을 나누어 요리

부드러운 잎과 사각사각한 줄기를 잘라 나눕니다. 전골 요리를 할 때는 줄기 부분부터 먼저 넣어 익힙니다.

채썰기

① 먹을 만큼만 잎을 벗깁니다.

② 먹기 힘든 굵은 심은 저며 썰기 합니다.

③ 3~4센티미터 폭으로 자른 양배추 잎을 3~4장 정도로 겹쳐서 손으로 누릅니다.

④ 고정된 양배추를 끝에서부터 썰어주세요.

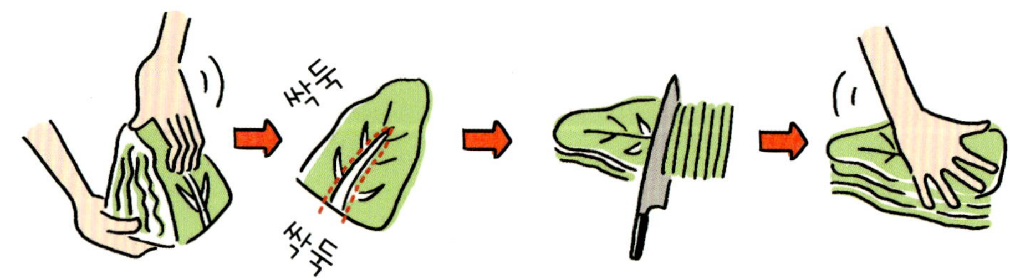

간단 양배추찜

양배추가 냉장고에서 자리를 차지하고 좀처럼 줄지 않을 때는 넓적 썰기 한 양배추를 비닐봉지에 넣어 전자레인지로 가열해 보세요. 부피도 줄어들고 잎도 부드러워져 있을 것입니다. 참깨 소스에 찍어 먹거나 버무려 먹으면 멋진 샐러드가 됩니다. 가열은 100그램당 1분을 기준으로 계산합니다.

뿌리를 커트

끝에서 1센티미터 정도는 단단한 뿌리 부분이니 잘라 버립니다. 그 위로 3~4센티미터 정도 되는 부분까지는 필러를 이용해 흰 부분이 보일 때까지 껍질을 벗겨주세요.

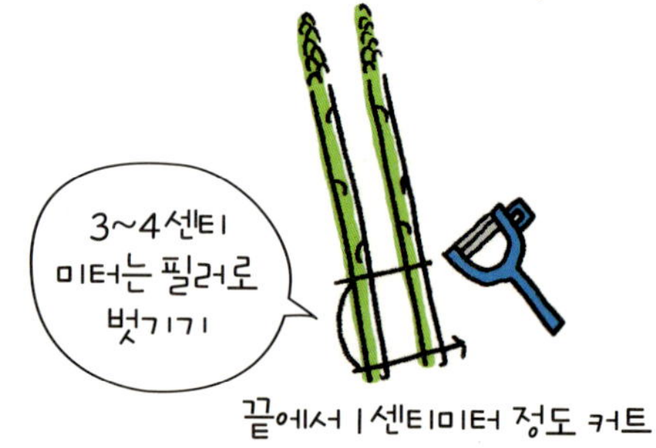

물에 담가 두었다가 씻기

잘 안 보이는 뿌리 부분의 줄기 사이에 진흙이 엉겨 있습니다. 3~4센티미터 길이로 잘라 물에 담가 둡니다. 진흙이 떨어지고 잎도 수분을 머금어 싱싱하게 살아납니다. 물을 갈아서 다시 한 번 씻은 후 체로 받쳐 줍니다.

물기를 잘 빼는 것이 포인트

소금을 넣어 데치기

냄비에 충분한 양의 물을 넣고 끓이다가 소금을 넣습니다. 잘 익지 않는 줄기 부분부터 먼저 넣고 조금 후에 잎도 넣습니다. 녹색이 선명해지면 체로 받쳐 내어 물기를 뺍니다.

데쳐서 빼기

유채와 소송채는 모두 데쳐서 떫은맛을 빼는 채소들입니다. 하지만 소송채는 시금치만큼 떫은맛이 강하지는 않으니 데치지 않고 물에 담가 떫은맛을 빼는 것도 괜찮습니다.

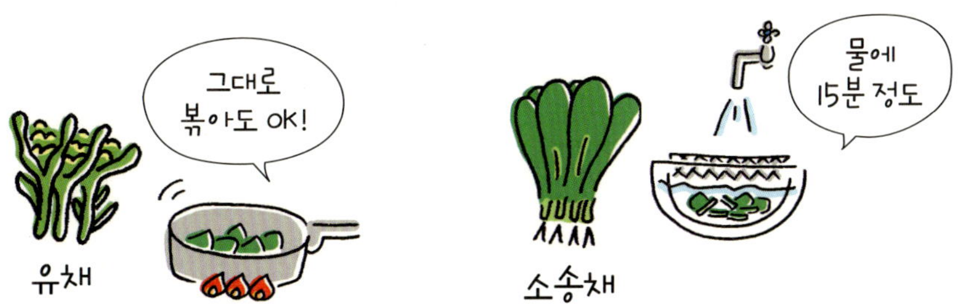

헹궈서 그대로

부추, 청경채, 쑥갓 등은 떫은맛이 적어 데치지 않고 그대로 볶음이나 절임을 할 수 있습니다. 나물이나 무침으로 할 때는 살짝 데쳐 쓰기도 하지만, 떫은 채소들과 달리 찬물에 담가 두거나 헹굴 필요 없이 데쳐서 체에 받쳐두기만 하면 됩니다.

 브로콜리

작은 송이로 나누기

봉오리의 줄기에 식칼을 넣어 한 송이씩 잘라 나눕니다. 한 송이가 너무 클 때는 반으로 잘라 크기를 맞춥니다.

데칠 때는 줄기부터

줄기에도 영양이 들어 있으므로 버리지 맙시다. 단단한 껍질을 두껍게 벗겨내고 편썰기를 하거나 숭덩숭덩 썰어 주세요. 데칠 때는 줄기부터 먼저 넣고 시간차를 두고 봉오리를 넣습니다.

데친 후에는 체에 받쳐서 식히기

녹색이 선명해질 때까지 데친 후 체에 받쳐 식힙니다. 남은 열로도 익을 수 있으므로 2분 정도면 충분합니다. 찬물에 담그면 흐물흐물해지므로 찬물에 담그는 것은 절대 금지!

버섯

버섯 다듬기의 시작, 밑뿌리 제거

버섯의 밑뿌리는 단단해서 먹을 수 없습니다. 어떤 버섯을 사용하든 끝부분은 잘라내고 씁니다.

① 느타리버섯

쓸 만큼만 손으로 떼어낸 뒤 손으로 들고 딱딱하고 톱밥이 묻어 먹지 못하는 밑뿌리 부분을 깎아냅니다.

② 팽이버섯

봉지째 자르면 톱밥이 날리지 않습니다.

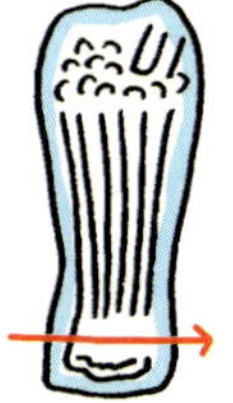

③ 표고버섯

부엌가위로 잘라내면 간단합니다.

④ 밑뿌리가 없는 버섯

새송이버섯이나 잎새버섯은 밑뿌리가 없으므로 전부 먹을 수 있습니다.

빨간고추

씨를 뺄 때는 퉁겨서

빨간고추는 속의 씨를 빼고 조리합니다. 꼭지를 손으로 뗀 후 잘린 면을 아래로 해서 엄지와 검지로 세게 퉁기면 씨가 떨어집니다.

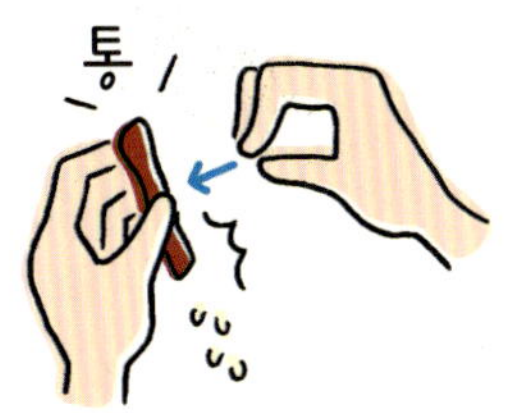

잘라서 가열

고추를 통으로 넣는 것보다는 작게 잘라서 넣는 쪽이, 차가운 상태에서 더하는 것보다는 넣고 가열하는 쪽이 매운 맛을 더욱 많이 우러나오게 합니다. 자르는 방법과 가열 시간으로 매운 맛을 조절할 수 있습니다.

파

다질 때는 식칼의 날 끝으로 꾹꾹 찌르듯이 결을 따라 칼집을 넣고 끝에서부터 잘게 자릅니다.

생강

요리책에서 자주 나오는 '한 조각'은 1.5센티미터, 엄지의 한 마디 정도입니다. 껍질을 벗긴 후 채썰거나 다집니다.

마늘

마늘의 싹은 쉽게 타므로 반으로 잘라 식칼의 뒤꿈치로 도려냅니다. 그 뒤 편썰기나 채썰기, 다지기를 합니다. 찧을 때는 식칼의 날로 꾹꾹 누릅니다. 한 번에 많이 장만해서 냉동보관하면 편리합니다.

허브

비타민 C가 듬뿍 들어 있는 허브. 서양요리를 할 때 향미채소로 많이 쓰입니다. 생채소를 샀다면 쓰고 남은 것은 물기를 잘 빼서 비닐봉지에 넣어 냉동보관 했다가 다시 쓸 수 있습니다. 말린 허브 제품은 보관이 좀 더 편리합니다. 샐러드나 수프, 파스타 요리 등에 사용합니다.

맛있는 고기, 제대로 손질해서 먹어요.

고기의 부위에 따라 맛도 취급법도 다르답니다. 고기의 부위별 특징을 알아 두었다가 필요와 기호에 맞게 선택해 보세요.

돼지고기

등심
고기 위에 띠 모양의 지방이 붙어 있습니다.

뒷다릿살
지방이 적어 맛이 깔끔합니다.
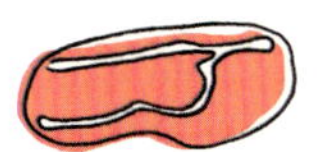

저민 고기
여러 부위가 섞여 있습니다.

목심
지방이 골고루 붙어 있어 부드럽습니다.

삼겹살
지방이 가장 많아 풍미가 있습니다.

질문있어요!

고기요리를 쉽게 할 수 있는 비법 좀 알려주세요.

굽기만 하면 돌돌 말리는 고기 해결법!

버터로 구울 용도의 두꺼운 돼지고기를 샀다면 살코기와 지방의 경계에 칼집을 몇 군데 넣습니다. 힘줄을 자르지 않고 구우면 고기가 말려 버립니다.

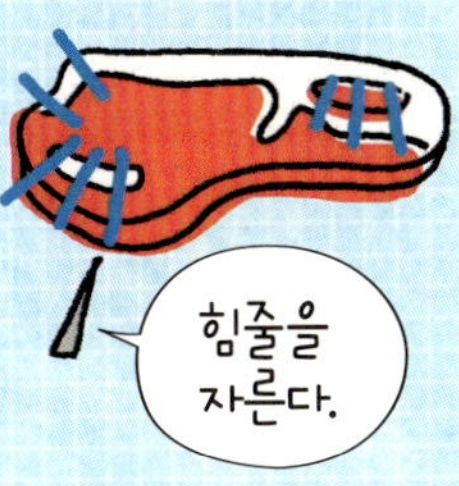

냉 샤브샤브는 간단!

돼지고기나 쇠고기의 편육은 한 장씩이 아니라 한꺼번에 데쳐도 OK. 냄비에 충분한 양의 물을 끓인 후 먹기 편하게 자른 편육을 4~5장씩 넣어 젓가락으로 뒤적여 줍니다. 색이 변해서 다 익으면 바로 채에 받쳐 얼음물에 담가, 차가워지면 물기를 잘 뺍니다. 이렇게 하면 고기의 풍미도 놓치지 않고 표면의 퍼석함도 예방할 수 있습니다.

닭고기

닭다리살 정육

뼈를 뺀 형태인 닭다리살 정육은 튀김이나 스테이크와 같이 살만을 이용한 요리를 할 때 편리합니다. 지방이 많아 가열해도 촉촉하고 육즙이 풍부해 튀김이나 스테이크 외에 소테나 찌개, 닭볶음탕 등에 씁니다. 껍질과 살코기 사이에 붙어 있는 누런 지방이나 여분의 껍질은 제거한 후 조리합니다.

소테(프랑스어, sauté) : 아주 센 불에서 소량의 기름으로 단시간에 조리하는 것

안심(필레)

좌우의 가슴 안쪽에 있는 얇고 긴 고기. 지방이 적고 부드럽고 담백합니다. 고기의 덩어리가 작을 뿐 아니라 영양도 높아 독신 생활을 하는 사람들에게 잘 맞는 재료입니다. 힘줄 양쪽에 얕게 칼집을 넣은 후 뒤집어 힘줄을 아래로. 힘줄 끝을 잡고 당기면서 식칼의 날로 당기듯이 해서 살코기로부터 떼어 냅니다.

가슴살

지방이 적어 칼로리가 낮아 다이어트식으로 많이 사용됩니다. 너무 많이 가열하면 퍽퍽해지기 쉬우므로 쪄서 손으로 찢거나 저며 썰기 해서 조리하는 것을 추천합니다.

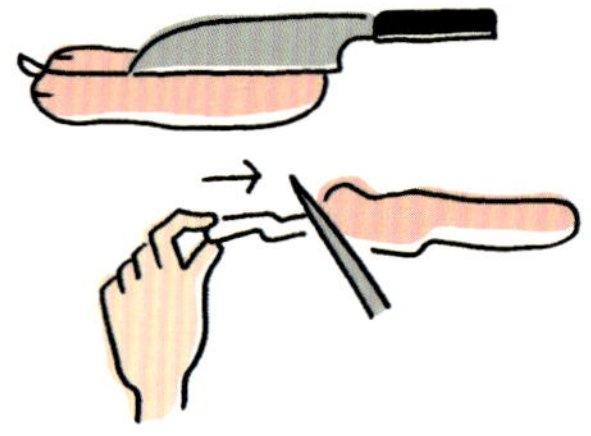

간편한 닭고기 요리법은 없나요?

레인지로 닭 찌기

닭가슴살이나 닭안심의 양면에 소금을 뿌리고 껍질 쪽을 아래로 해서 전자레인지 용기에 넣습니다. 생강이나 마늘 편을 올린 후 맛술 1큰술을 뿌린 다음 랩이나 용기 뚜껑을 덮어 전자레인지에 넣습니다. 100그램당 2분을 기준으로 계산하는데, 대개 한 덩어리당 4분 정도면 충분합니다. 랩을 씌워 둔 채 식히면 촉촉한 닭고기를 먹을 수 있습니다.

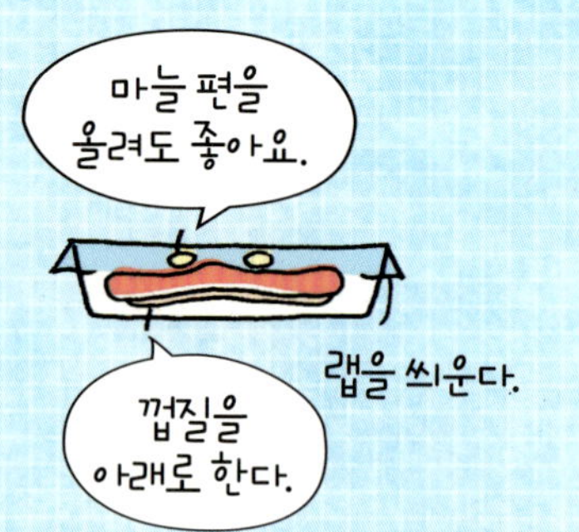

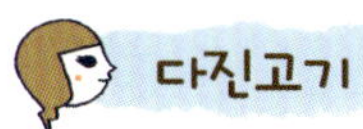
다진고기

요리에 따라 다른 다진 고기 사용법

다진 고기의 종류에는 닭, 돼지, 소, 혼육이 있습니다. 고기의 특징에 따라 사용처가 다릅니다. 담백한 다진 닭고기는 고명이나 경단을 만들 때 사용하면 좋고, 지방이 많은 다진 돼지고기는 만두나 마파두부에, 독특한 풍미가 있는 다진 쇠고기는 양식에 어울립니다. 소와 돼지를 섞은 다진 혼육은 맛과 향이 무난해서 대부분의 요리에 사용할 수 있습니다.

다진 고기 보관법

다진 고기는 잘게 썰어둔 만큼 공기에 닿는 부분이 많아 쉽게 상할 수 있습니다. 구입한 후 바로 쓰고, 쓰지 않을 고기는 바로 냉동 보관합니다.

구울 땐 주걱으로 눌러서

프라이팬에 다진 고기를 구울 때는 주걱으로 뒤적이는 것이 아니라 주걱을 눕혀서 눌러가며 펴면서 굽습니다. 이렇게하면 고기가 더 많이 프라이팬에 닿아 잘 익힐 수 있습니다. 육즙이 투명해질 때까지 천천히 굽습니다.

간단한 고기 고명

불을 붙이기 전에 다진 고기 200그램에 간장, 설탕 각 2큰술씩 섞어 줍니다. 불을 붙이고 젓가락으로 풀어서 섞어 주면 고기가 수축하지 않고 즙을 충분히 머금어 자잘한 고기 고명이 됩니다. 어떤 종류의 다진 고기라도 똑같습니다.

12 다양한 식재료 손질, 생각보다 쉬워요.

생선 손질은 초보자가 하기 어려운 작업입니다. 가능하면 저민 생선이나 밑손질이 끝난 것을 사용하는 것이 좋겠지요? 콩제품이나 달걀은 떨어지지 않도록 하고 꼭 냉장보관하세요. 손질하기 부담스럽고 귀찮아서 포기했던 식재료가 있다면 이번 기회에 손질 방법을 익혀 보는 건 어떨까요?

재료 손질은 슈퍼에서 부탁하기

슈퍼나 생선가게에서 부탁을 하면 내장을 빼 주거나 용도에 따라 잘라 주기도 합니다. 번거롭게 한다고 생각하지 말고 부탁해 봅시다.

자른 생선은 씻지 말기

통생선과 달리 자른 생선은 씻으면 풍미가 씻겨나갑니다. 비린내가 신경 쓰인다면 양쪽에 소금을 뿌려 5분 정도 두었다가 물기가 나오면 키친타월로 닦아줍니다.

냉동 해산물 믹스 활용하기

냉동식품 코너에는 밑손질을 한 새우나 오징어, 바지락 등을 넣은 해산물 믹스를 팔고 있습니다. 카레나 볶음밥, 파스타, 된장찌개 등에 그대로 넣으면 맛도 좋아지고 편리합니다.

새우나 오징어는 손질된 것을 구매하기

껍질이 붙은 새우나 통 오징어를 손질해서 쓰는 것은 아무래도 초보자에게는 어려운 일입니다. 손질이 된 새우나 잘라둔 오징어를 쓰면 편리합니다.

조개 해감, 어떻게 해요?

조개의 해감은 30분 이상

바지락이나 가막조개는 모래를 머금고 있습니다. 판매 중인 제품들은 대부분 어느 정도 해감이 되어 있지만, 간혹 모래가 남아 있을 수도 있으니 조리하기 전에 물에 30분 정도 담가 해감한 후 조리하는 편이 안전합니다.

볼에 조개를 넣고 조개가 숨을 쉬고 입을 벌릴 수 있을 정도로 물을 붓습니다. 신문지나 잡지를 덮어 어둡게 합니다. 위를 덮어두지 않으면 조개가 뱉어낸 물이 그릇 밖으로 튀어나와 주변이 지저분해 질 수 있습니다. 30분 이상을 두었다가 모래가 다 나온 듯 하면 껍질을 문질러 씻습니다.

달걀

보관 방법

달걀의 뾰족한 곳에 공기구멍이 집중되어 있습니다. 달걀보관대에 놓을 때 둥근 쪽이 위를 볼 수 있게 놓고 냉장고에 보관하면 좀 더 오래 신선한 달걀을 먹을 수 있습니다.

젓는 법

노른자와 흰자를 섞을 때 젓가락으로 빙글빙글 휘젓는 것은 좋지 않습니다. 신선한 달걀일수록 흰자에 점도가 있어 잘 풀리지 않기 때문입니다. 젓가락 사이를 약간 벌려서 가로로 일자를 긋듯이 재빠르게 왕복하여 자르듯이 섞으면 쉽게 섞을 수 있습니다.

 두부

비단두부와 목면두부의 차이

비단두부는 표면이 매끈하고 수분을 많이 머금고 있어 부드럽습니다. 목면두부는 압력을 가해 수분을 빼내어 단단합니다. 어느 쪽을 쓸 것인가는 취향에 따라 다릅니다.

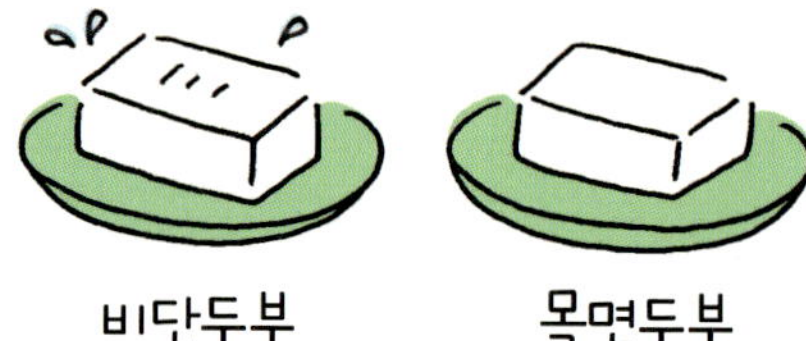

남았다면 물에 담가 보관

남은 두부는 밀폐 용기에 넣어 전체가 잠길 정도로 물을 부어서 냉장고에 보관합니다.

두부의 물기 제거

두부를 부쳐 먹거나 지져 먹으려고 한다면, 두부가 너무 흐물거리지 않는 게 좋겠지요? 도마 위에 키친타월을 깔고 두부를 원하는 형태로 잘라서 소금과 후추로 간을 하고 잠시 두면 단단해집니다.

 곤약

곤약은 응고제로 사용한 석회의 냄새와 떫은맛을 제거하기 위해 초벌 데치기를 해야 합니다. 먼저, 조리할 크기로 썰어 주세요. 찬물에 썬 곤약을 넣고 끓어오른 후 2~3분 뒤 채로 받칩니다.

냄새와 함께 여분의 수분도 빠져나가 맛과 식감이 좋아집니다. 곤약은 쫄깃쫄깃해서 다양한 모양을 시도해 볼 수 있습니다. 모양과 크기에 따라 양념이 배는 정도가 다르니, 여러 가지를 시도해 보세요.

 ## 유부

유부는 기름을 빼고 조리

기름에 튀긴 두부인 유부를 그대로 조리하면 기름기가 많아 조미료가 스며들기 어렵습니다. 기름을 뺀 후에 사용합시다.

유부를 키친타월로 싸서 물에 적신 후 랩으로 한 번 더 싸서 전자레인지에 1분 정도 돌립니다. 유부가 따뜻해지면서 키친타월에 여분의 기름이 배어나와 간단히 기름을 뺄 수 있습니다.

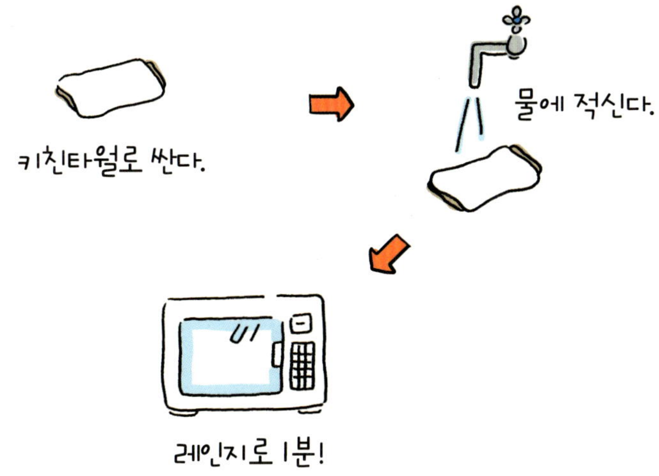

유부도 두부처럼 보관해야 하나요?

물기가 많은 두부나 두꺼운 튀긴두부는 얼렸다 녹이면 기존의 식감을 찾기 어렵지만, 물기가 적은 유부는 냉동된 제품도 괜찮습니다. 지퍼락 같은 밀폐용기에 넣어 냉동고에 보관했다가 필요할 때 그대로 뜨거운 물에 넣어주세요. 녹으면서 기름도 뺄 수 있습니다.

13 진짜 요리를 시작해 볼까요?

식재료를 샀다면 바로 조리를 시작합시다. 한 번 냉장고에 들어갔다 온 재료는 아무래도 맛이 덜합니다. 그날 사온 재료는 간단하게 밑간만 해서 구워도 훌륭한 일품요리가 됩니다.

 ## 밥 짓기

요즘은 빵이나 면으로 대체하는 경우도 많지만, 외식을 하다 보면 집에서 한 밥을 먹고 싶어질 때가 생깁니다. 갓 지은 밥에 구운 김이나 참치캔과 김치는 생각만 해도 군침이 돌지요. 그럼, 밥 짓는 법을 알아볼까요?

❶ 밥솥에 딸린 컵으로 정확히 계량

쌀의 단위는 1홉(180밀리리터)으로, 밥솥에 따라온 컵은 그에 맞게 180밀리리터입니다. 보통 계량컵과는 다르므로 틀리지 않도록 합시다.

❷ 재빠르게 쓱쓱 씻기

쌀알이 적당히 부대끼도록 쓱쓱 씻습니다. 쌀은 물을 흡수하기 쉬우므로 재빨리 씻습니다.

❸ 물은 세 번 갈기

쌀을 씻은 물은 3회 정도 바꾸어 줍니다. 물을 버리다 쌀을 흘려버리는 경우가 많았다면, 체를 이용해 봅시다. 체와 볼을 겹쳐서 쌀을 씻으면 물을 갈기가 쉽습니다.

❹ 불리기

요즘 밥솥은 쌀을 불리지 않아도 맛있게 지어 줍니다만, 시간에 여유가 있다면 30분 정도 불린 후 스위치를 켭니다.

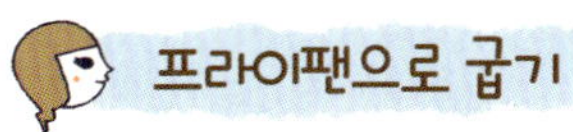

프라이팬으로 굽기

불소수지가공 프라이팬은 기름을 먼저

불소수지가공이 된 프라이팬은 아무것도 넣지 않은 채 달구면 코팅이 상합니다. 그러니 먼저 기름을 두르고 가열하도록 합니다. 금속으로 된 주걱이나 뒤지개도 코팅을 상하게 하므로 나무나 실리콘 재질을 사용하는 것이 좋습니다.

고기는 소금, 후추로 밑간

얇게 썬 고기는 소금, 후추를 뿌려 바로 굽습니다. 닭고기나 두껍게 썬 돼지고기는 조리 5분 전에 소금, 후추를 뿌려서 배어들게 합니다.

붉은 육즙이 배어나오면 뒤집으란 신호

고기를 뒤집는 것은 기본적으로 한 번만. 한쪽 면을 구워서 붉은 육즙이 표면에 배어나오면 뒤집습니다. 두께가 있는 닭고기는 뒤집은 후 뚜껑을 덮으면 속까지 제대로 익힐 수 있습니다.

프라이팬은 흔드는 것이 철칙

프라이팬에 고기를 넣으면 불 조절은 중간 불에서 시작해서 센 불로 조절합니다. 젓가락을 들고 프라이팬 손잡이를 잡은 후 앞뒤로 흔들어 줍니다. 고기를 움직여야 고기 밑에 기름이 들어가 잘 익습니다. 고기 기름이 많을 경우는 키친타월로 닦아 줍시다.

 ### 그릴로 굽기

생선은 소금을 뿌린 후 5~10분

생선을 구울 때는 양면에 고르게 소금을 뿌립니다. 자른 생선은 5분, 통 생선은 10분 정도 놓아두었다가 배어나온 물기를 닦으면 비린내가 없어지고 고기가 단단해집니다. 그 위에 취향에 따라 밀가루를 묻혀 주기도 합니다.

표면을 아래로 해서

그릴에 생선을 올릴 때는 겉면이 바닥을 볼 수 있게 놓습니다. 뒤집을 때 즙이 아래로 흐르기 때문에 표면이 바삭하게 잘 구워집니다.

 ### 볶기

채소별로 크기를 일정하게

양배추는 넓적 썰기, 당근은 막대 썰기 등, 먹기 좋은 한 입 크기로 썹니다. 크기가 일정해야 골고루 잘 익고, 익힘 정도도 조절할 수 있습니다.

고기는 밑간을 해 두기

한 입 크기로 썬 후 소금, 후추, 녹말가루를 약간씩 뿌려서 주무르는 것이 포인트입니다. 샐러드유도 조금 뿌려 둡니다.

향이 있는 채소도 잊지 말기

생강이나 마늘이 있다면 볶을 때 넣어 봅시다. 맛과 향이 좋아집니다. 채소나 고기를 넣기 전에 먼저 향채소를 넣어 기름과 함께 약한 불로 천천히 볶아 향이 배어나오게 합니다.

채소는 시간차를 두고

고기가 들어간 볶음 요리를 한다면 고기를 꺼낸 프라이팬에 그대로 양파나 피망을 넣는 것이 고기의 향과 기름, 맛을 이용할 수 있어 좋습니다. 그 후에 전자레인지로 익혀 둔 당근이나 양배추를 넣습니다. 센 불에 휘리릭 볶아 냅니다.

뒤적일 때는 주걱을 이용해 큰 동작으로

재료를 섞을 때는 프라이팬의 바닥에서부터 크게 뒤집듯이 합니다. 채소를 쑤셔 찌그러뜨리면 물기가 나와 맛이 없어집니다.

조미료는 한 곳에 수납

요리법에 따라서는 술이나 간장, 굴 소스, 설탕 등 여러 가지 조미료를 넣어야 하는 경우도 있습니다. 조미료를 찾느라 부산을 떨다가 요리를 망친 적이 한두 번은 있을 것입니다. 한 곳에 모아 두면 그런 일을 방지할 수 있습니다.

끓이기

조미료는 단맛부터!

조미료는 설탕, 소금, 식초, 간장, 고추장, 일반조미료 순서로 넣는 것이 좋습니다. 맛술은 처음이나 끝 언제 넣어도 상관 없습니다. 설탕을 가장 먼저 넣어야 하는 이유는 설탕의 분자가 다른 양념들보다 커서 스며드는 데 시간이 걸리기 때문이랍니다.

국의 양은 바특하게

끓일 때 넣는 물은 재료의 꼭대기가 보일락 말락 할 정도의 양이 좋습니다. 너무 많이 넣으면 오래 끓여야 해서 재료가 뭉개지고, 적게 넣으면 재료가 익지 않는데, 이것을 '바특하게' 라고 한답니다.

불 조절은 '보글보글'

불 조절은 익기 시작할 때까지는 센 불, 그 뒤에는 냄비 속을 보아서 보글보글 거품이 생기면서 재료가 달칵달칵 움직일 정도의 세기로 끓입니다. 펄펄 끓이는 것은 좋지 않지만 또 불이 약해서 재료가 움직이지 않으면 국물이 전체적으로 돌지 않아 맛이 배어들지 않습니다.

끓어오르면 거품을 걷어내기

끓어오르면 국물에 거품(탁한 거품)이 떠오릅니다. 이것은 채소나 고기가 머금고 있던 아린 맛이나 쓴맛의 근원이 되는 성분입니다. 많으면 맛이 나빠지므로 국자나 숟가락으로 걷어냅니다.

녹색채소를 데칠 때는 끓는 물에 살짝

시금치 등의 녹색채소나 브로콜리, 그린 아스파라거스 등의 흙 위로 자라난 채소는 잘 익으므로, 뜨거운 물에 살짝 데칩니다. 소금을 조금 넣으면 색이 선명해지고 채소의 단맛도 살아납니다. 소금의 양은 물 양의 1퍼센트 정도면 충분합니다,

뿌리채소는 찬물에서부터

당근이나 감자처럼 흙속에서 자란 채소는 찬물일 때부터 넣어 온도를 올리며 삶아야 고르게 잘 익습니다.

브로콜리를 데친 후에는 체에

같은 녹색 채소라도 브로콜리나 그린 아스파라거스, 껍질강낭콩, 청경채 등은 데친 후에 체에 받쳐 둡니다. 물에 담그면 흐물흐물해집니다.

알루미늄 호일로 속뚜껑을!

재료 위에 속뚜껑을 덮으면 적은 국물로도 대류가 일어나 맛이 골고루 배어듭니다. 속뚜껑이 없다면 구멍을 몇 군데 뚫은 알루미늄 호일을 올리면 됩니다. 손으로 꾸깃꾸깃하게 하면 주름에 거품이 묻어 거품을 걷어내는 효과도 얻을 수 있습니다.

시금치는 데친 후에 찬물에

쓴맛이 강한 시금치는 삶은 후에 찬물에 담가 쓴맛을 빼 줍니다. 물에 헹구면 남은 열기 때문에 너무 익는 일 없이 싱싱하게 마무리됩니다.

파스타는 소금을 넣어서

우동면이나 소면에는 소금이 들어 있지만, 파스타면에는 소금 성분이 들어 있지 않습니다. 삶을 때 소금을 더하면 밑간이 되면서 면의 심지도 강해집니다. 끓는 물 1리터에 소금 2작은술이 표준입니다.

반숙으로 삶으려면 끓는 물에 6분

반숙 달걀은 냄비에 달걀을 넣고 뜨거운 물을 부어 정확히 6분이면 됩니다. 완숙으로 삶으려면 달걀이 잠길 정도로 찬물을 부어 10분간 삶습니다. 어느 쪽이건 달걀을 냉장고에서 꺼내어 두었다가 삶아야 삶는 중에 깨지지 않고, 삶은 후에 바로 찬물에 담그는 편이 껍질을 벗기기 좋습니다.

 # 14 식재료 보관법을 깔끔하게 정리해 볼까요?

아무리 현명하게 시장을 보고 소량으로 구매해도 보관을 해야 할 일이 생깁니다. 식재료별 보관법을 잘 알아두었다가 상온, 냉장고, 냉동실을 잘 구분하여 보관합시다. 제대로 보관하면, 썩혀서 버리는 일을 방지할 수 있습니다.

 ## 냉장 보관

유제품, 두부, 달걀

유제품이나 두부, 두유 등은 상하기 쉬우므로 반드시 냉장고에 보관합니다. 달걀도 냉장고에 넣어 주세요.

고기, 생선

구입한 후 바로 냉장고에 넣어 주세요. 온도가 낮게 설정되어 있는 신선실에 보관하는 것이 조금 더 안전합니다.

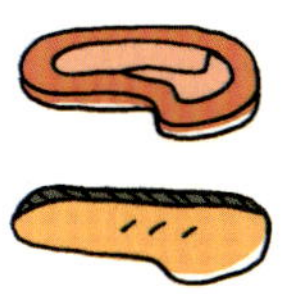

반찬

혼자 살면 아무리 적게 요리를 해도 한 번에 다 먹기 어렵습니다. 한 번 먹을 만큼씩 밀폐용기에 넣어 냉장고나 냉동고에 보관했다가 나중에 먹을 만큼만 꺼내 먹으면 편리합니다. 전자레인지에 돌리면 끝!

거의 모든 채소

수분이 많은 채소는 마르거나 상하기 쉬우므로 야채실에 보관합니다. 고구마는 감자처럼 상온에 보관하는 것이 좋은데요, 열대지방이 고향인 고구마를 냉장고에 보관하면 쉽게 상한답니다.

 ## 냉동 보관

고기, 생선

팩째로 냉동하면 서리가 생길 수 있으니, 1회분씩 랩으로 싸서 보관합니다. 넓게 펴서 싸면 냉동도 해동도 빨리 됩니다. 지퍼가 달린 밀폐봉지를 사용하면 더 편리합니다.

해동법

사용 전날 냉장실로 옮겨 천천히 해동하는 것이 가장 좋지만, 급할 때는 전자레인지로 해동해도 괜찮습니다.

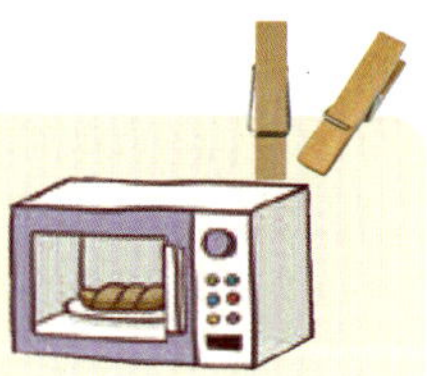

밥

지은 즉시 냉동하는 것이 밥맛을 유지할 수 있는 요령입니다. 랩으로 넓게 펴서 싸거나 밀폐용기에 넣은 뒤 완전히 식으면 냉동실에 보관해 주세요.

해동법

언 상태 그대로 전자레인지에 넣어 돌립니다. 600W를 기준으로 2분 정도면 충분합니다.

요즘은 랩을 해동시킬 때 환경호르몬이 녹아 나올 수 있으므로 랩을 사용하기 보다는 전자레인지용 유리나 사기그릇을 권장하며, 뚜껑 역시 랩 보다는 조금 작은 유리나 사기 접시를 씌워 해동하는 것이 안전하답니다.

빵

상온에 두면 곰팡이가 생기기 쉬우므로 먹다 남은 것은 신선할 때 밀폐봉지에 넣어 냉동합니다.

해동

실온에서 해동하면 빵이 질척해지니 언 채로 토스터에 넣어 구워 주세요.

쌀, 빵, 면

밀폐용기에 옮겨 담습니다. 특히 쌀은 밀폐용기에 넣은 후 서늘하고 어두운 곳이나 냉장고에 보관해 주세요. 쌀벌레가 생기지 않습니다. 밀폐용기를 찾기 어렵다면, 먹고 남은 생수병을 잘 말렸다가 담아 봅시다.

감자, 양파, 마늘, 고구마

껍질을 벗기지 않았다면 빈 상자나 바구니에 신문지를 깔고 어두운 곳에 두거나, 신문지를 덮어 상온에 보관하세요. 껍질을 벗겼다면 랩으로 싸거나 밀폐용기에 넣어서 냉장고에 보관하고, 가능한 한 빨리 씁시다. 마늘은 많이 찧어서 냉동보관해도 괜찮습니다.

병과 캔

개봉하지 않았다면 상온에서 장기간 보관할 수 있습니다. 하지만 개봉을 했다면 세균이 번식할 수 있으므로 병 제품인 경우에는 병째 냉장고에 보관하고, 캔 제품은 내용물을 밀폐용기에 옮겨 담은 뒤 냉장 보관합니다.

조미료, 기름

개봉하지 않은 조미료는 상온에 보관할 수 있습니다. 개봉한 후에는 가능하면 냉장고에 넣어주세요. 기름과 식초는 개봉 후에도 상온에 보관할 수 있습니다.

건어물

자른 미역, 김, 깨 등은 상온에 두어도 괜찮습니다. 다만 개봉 후에는 입구를 잘 막아 공기가 통하지 않게 보관합니다.

편의점 서비스로 더욱 편리하게

편의점 픽업 서비스

자취를 하다 보면 집에 사람이 없어 택배받는 것이 곤란할 때가 많습니다. 이때는 포스트박스(postbox)와 제휴된 쇼핑몰을 이용하면 편의점에서 택배를 가져갈 수 있습니다. 주문을 하면서 배송방법으로 편의점 픽업 서비스를 선택하면 됩니다. 원하는 편의점을 선택하고, 도착 안내 메일이나 문자가 오면 가지러 가면 끝!

각종 지불

전기요금이나 휴대전화 요금, 가스요금 등을 편의점에서 지불할 수 있습니다. 인터넷뱅킹이 곤란할 때나 은행이나 우체국이 열려 있지 않을 때 이용하면 편리하겠죠?

ATM

은행 내의 ATM은 기다리는 시간이 길다! 편의점은 그 정도로 길어지지는 않으므로 물건을 사는 김에 돈을 찾을 수 있습니다. 은행에 따라서는 편의점 내의 ATM 수수료가 무료인 경우도 있습니다. 현명하게 사용하면 편리합니다.

쇼핑

편의점이 슈퍼에 비해 물건이 비싸다고들 생각하지만, 편의점별 제휴 카드나 통신사 할인카드를 이용하면 오히려 슈퍼보다 가격이 저렴할 수도 있습니다. 뿐만 아니라 각종 행사를 이용하면 가격 차이가 크게 나지 않지요. 행사와 카드할인 혜택을 꼼꼼하게 확인해 봅시다.

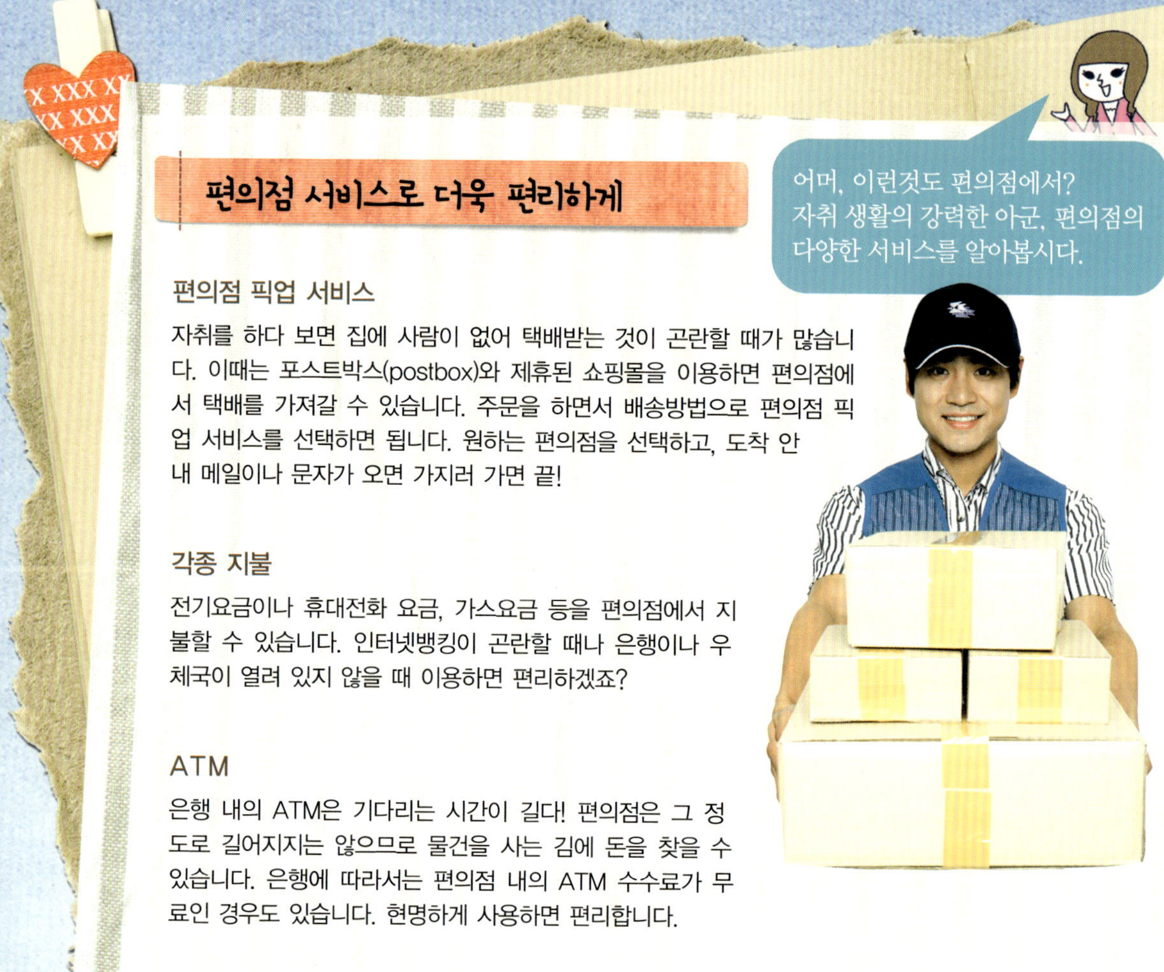

PART 6
잔고가 쑥쑥
생활비 관리

 # 생활비 관리, 제대로 하고 있나요?

있다고 다 써버리면 다음 수입이 들어올 때쯤 되어서는 제대로 된 생활을 할 수 없습니다. 생활하기 위해서는 꼭 써야 하는 돈도 있지만, 다음을 위해서 꼭 가지고 있어야 하는 돈도 있습니다. 써야 하는 돈과 쓰지 않아도 되는 돈을 조절하는 것이 바로 생활비 관리입니다.

한 달을 기준으로 파악해 볼까요?

수입은 한정되어 있는데, 사고 싶은 것은 정말 많지요? 결국 자신의 수입에 맞추어 소비를 해야 합니다. 그렇다면 얼마를 생활비로 쓸 수 있을까요?

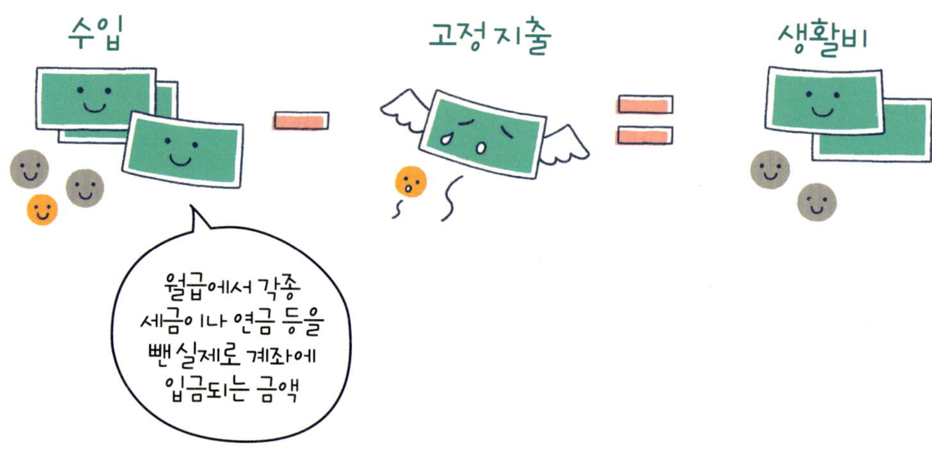

고정 지출

집세 월세나 주택자금 대출 이자가 수입의 20~30퍼센트를 넘지 않도록 합니다. 매달 나가는 비용인 만큼 수입의 30퍼센트를 넘어서는 제대로 생활하기 어렵습니다. 만약 30퍼센트 이상이라면 좀 더 싼 지역으로 이사하는 것도 고려해 봐야 합니다.

저금 쓸 것 다 쓰고 남으면 저금하겠다고 생각해서는 절대로 돈을 모을 수 없습니다. 생활이 빠듯하더라도 수입의 일정 부분(10퍼센트) 정도는 먼저 저금하고 시작합시다.

수도 · 가스 · 전기요금 수입의 5~6퍼센트 정도가 되도록 유지합니다. 수도요금은 2개월에 한 번 지불하는 경우도 있는데, 그럴 경우 반으로 나누어 계산합니다.

보험 · 신문값 등 TV 수신료나 정기구독하고 있는 잡지, 신문 등도 고정 지출입니다.

휴대전화 요금 자신의 통화 패턴, 데이터 사용 패턴을 파악하고 요금제를 꼼꼼히 살펴보면 줄일 수 있는 항목입니다.

숨은 고정 지출

수업료 헬스의 회비나 취미 교실의 수업료 등도 잊지 말고 계산합시다.

매월 드는 미용비 미용실이나 네일숍 등도 매달 간다면 '정해진 지출'입니다.

생활비

식비 수입의 13~15%

　돈이 없다고 수입이 생길 때까지 라면만 먹는 식의 생활을 했다간 건강을 잃을 수도 있습니다. 무엇보다 집에서 식사하는 버릇을 들이면 식비 지출이 확 줄어듭니다.

잡비 수입의 2~3%

　세제나 샴푸 등의 일용잡화는 물론, 화장품값도 여기 포함됩니다.

사회생활비 수입의 3~5%

　데이트를 하거나 친구를 만나는 데 사용하는 돈입니다. 식비와 교통비, 사회생활비의 총합이 20퍼센트 안쪽인 것이 좋습니다. 하지만 너무 줄이다 보면 친구도 만날 수 없게 되므로 적당히 조절합시다.

의복비 수입의 3~5%

　겨울용 코트나 정장 같은 비싼 옷을 사야 할 때, 계절의 시작에 맞춰 새옷을 장만해야 할 때 예산을 정합니다.

숨은 생활비

전자머니의 충전

휴대전화 소액결제나 유료 파일 다운로드, 모바일 게임에서 쓰는 돈
도 생활비에 들어갑니다.

취미에 드는 돈

책이나 라이브 티켓 값 등 자신을 위해 쓰는 돈도 예산을 정해
둡시다. 많아도 수입의 3% 정도로.

어떻게 관리하면 좋을까요?

생활비를 주별로 나누어서 한 주당 쓸 수 있는 돈을 제한해 두면 무리 없이 관리가 가능합
니다. 아직 엄두가 나지 않는다면 여기서 제안한 대로 일단 따라해 보는 건 어떨까요?

주별로 관리하세요.

❶ 일주일에 쓸 금액을 계산

앞에서 나온 생활비를 5주로 나누면 1주일에 쓸 수 있는 금액을 알 수 있습니다.
월급이 입금되는 날에 한 번에 찾아서 만 원짜리 지폐로 바꿉니다.

봉투를 다섯 장 준비해 각각에 1주째~5주째라고 기입합니다. 그리고 찾아둔 생활비를 5등분해서 각각의 봉투에 넣습니다. 부족해지더라도 다른 봉투에서 꺼내 쓰는 것은 절대 금물입니다.

❸ 1주일치의 돈을 지갑에 넣고 그 돈만 사용

주의 시작에 봉투 속의 돈을 지갑으로 옮겨 1주일 간 그 돈으로 생활합니다. 만약 주가 끝날 때 돈이 남았다면 원래의 봉투에 다시 넣습니다. 지갑을 보는 것만으로 '이번 주는 어느 정도 쓰면 좋을까'를 알 수 있어 소비와 절약하는 법을 체득할 수 있습니다.

 현명한 소비의 다섯가지 원칙

첫째, 지갑에 돈을 추가하지 않는다.

가장 기본적인 원칙은 예산을 지키는 것입니다. 다음의 예산을 당겨와 쓰면 다음 주는 더욱 곤란해집니다

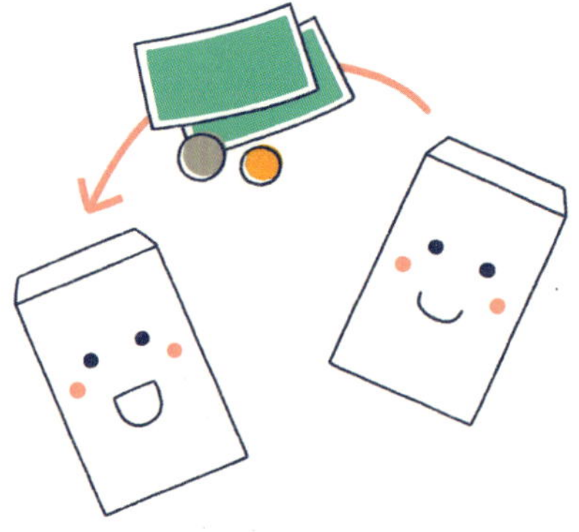

둘째, 신용카드로 쓴 돈은 봉투에 넣는다.

신용카드로 지불했을 때는 그만큼의 돈을 지갑에서 빼내어 봉투에 넣어둡시다. 1개월이 끝난 후 결제를 해야 할 때 신용카드 지불 계좌에 입금합니다. 카드가 별도의 지출처가 되지 않도록 조심합시다.

셋째, 남은 금액은 비상금으로 돌린다.

각 주에 쓰고 남아 봉투에 넣었던 돈들은 앞으로 있을지도 모르는 갑작스런 일을 대비할 비상금으로 남겨둡시다. 결혼식의 축의금이나 병원비 등으로 사용될 수 있습니다.

넷째, 전자머니도 예산을 정해둔다.

전자머니는 실제 돈이 나가는 것이 눈에 보이지 않기 때문에 과소비를 할 위험이 아주 큽니다. 따라서 꼭 예산을 정해 두고 관리할 필요가 있습니다. 또 "5천 원 이상은 충전하지 않는다.", "매주 잔액을 체크한다.", "유효기간을 확인한다." 등 자신만의 규칙을 정해둡시다.

마지막, 자신의 소비 패턴을 파악한다.

자신이 어디에 돈을 얼마나 쓰고 있는지 파악해 볼 필요가 있습니다. 소비패턴을 파악하기 위해서 3개월 정도 기록해 봅시다. 일주일에 한 번 영수증을 보면서 그 주의 지출을 수첩에 적으면 충분합니다. 자질구레한 가계부는 필요 없습니다.

 **사소한 것부터 절약해 보세요.**

돈을 모으는 것도 중요하지만 나도 모르게 새는 돈을 막는 생활 습관도 중요합니다. 번거로워서 귀찮다고 느껴지지 않을 정도의 범위 내에서 열심히 실천해 봅시다.

 **수도·전기·가스·통신비를 아껴봐요.**

전기코드는 스위치 타입으로

스위치식으로 전원을 끌 수 있는 전원 코드를 사용하면 콘센트를 뽑지 않아도 전기요금을 절약할 수 있습니다.

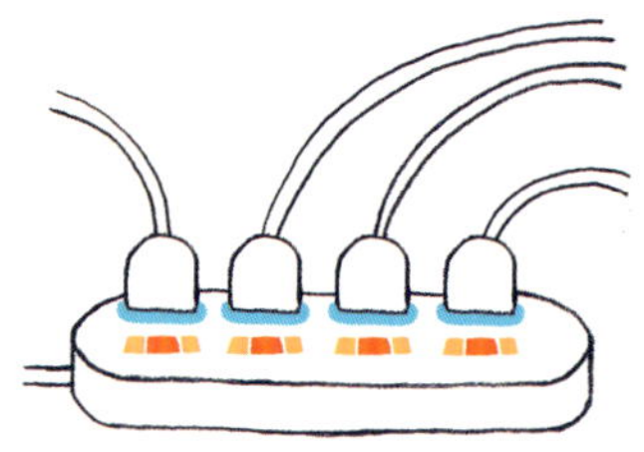

에어컨의 필터 청소를 열심히

에어컨의 필터에 먼지가 앉으면 냉난방 효과가 나빠져서 전기를 낭비하게 됩니다. 깨끗하게 청소합니다.

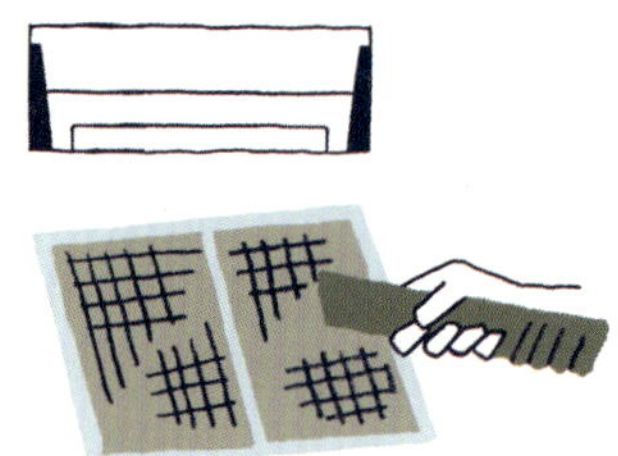

사용하지 않을 때는 소등

방범을 위해서가 아니라면 방에 불을 '켜둔 채로' 자리를 비우지 마세요. 화장실이나 욕실, 부엌 등 사용 후 불을 끄고 다니는 습관을 들입시다.

냉장고의 문은 바로 닫기

냉장고 문을 오래 열어두면 전기 낭비의 원인이 됩니다. 게다가 보관 중인 음식에도 좋지 않지요. 문을 열고 빨리 물건을 찾을 수 있도록 냉장고 안을 보기 쉽게 정리해 둡시다.

채소는 전자레인지로 간단히 익히기

가스로 물을 끓여 삶는 것보다 전자레인지
로 가열한 후 조리하는 편이 조리 시간을 단
축할 수 있습니다.

식기는 기름을 닦아낸 후 설거지

식기에 남은 기름기는 천이나 신문지 등으
로 닦아낸 후에 씻습니다. 물도 절약하고,
환경도 보호할 수 있습니다.

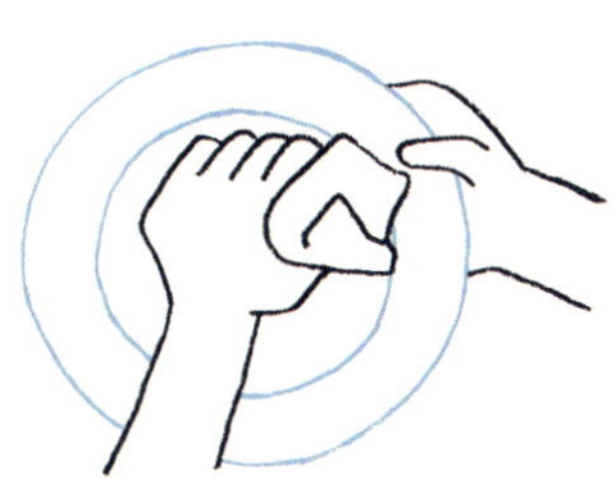

샤워기를 튼 채 거품 내고 문지르기는 그만!

샤워기를 틀어둔 채로 몸을 씻거나 머리에
거품을 내고 있지는 않았나요? 절약을 위해
서, 또 환경을 위해서 거품을 내고 있을 때
는 수도꼭지를 잠급시다.

밥은 오래 보온하지 말고 냉동

밥솥에 밥을 오래 보온하면 밥맛도 떨어질
뿐만 아니라 전기요금도 많이 나옵니다. 먹
을 양만큼씩 냉동한 후 해동해 먹으면 밥맛
도 좋습니다.

냉난방기의 설정 온도를 변경

냉방을 1도 올리고 난방을 1도 내리는 등의
작은 노력이 전기요금과 연료비를 줄이는
길입니다.

휴대요금 요금제 재설정

이전에는 유리했던 요금제도 라이프스타일이
바뀌면 맞지 않을 수도 있습니다. 매장이나 고
객센터, 업체 홈페이지를 통해 상담해 보세요.
지금의 라이프 스타일에 가장 적절한 요금제를
알려줍니다.

무료 통화 서비스 사용

스카이프나 라인, 카카오톡 등 비용이 들지
않는 통신 어플리케이션이 많이 있습니다.
휴대전화에 깔아 두고 사용하면 전화요금을
아낄 수 있습니다.

타이머 기능을 활용

텔레비전이나 에어컨 등을 켜둔 채 잠드는
것을 피하기 위해서도 타이머나 예약 기능
을 이용합시다.

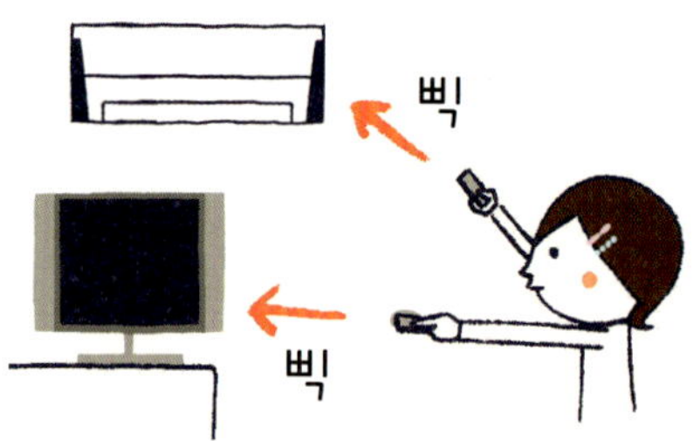

장을 보는 방법을 바꾸면 식비를 지나치게 쓰는 일도 줄어듭니다. 물론 쓸데없는 물건을 사는 일도 줄어들지요.

장 보기 전에 요기를!

배가 고픈 상태로 장을 보러 가면 필요없는 것까지 사버립니다. 식후에 가거나 사탕을 하나 입에 넣고 장을 보러 갑시다.

특판 상품을 활용

콩나물, 두부, 달걀은 생활비가 아슬아슬할 때 큰 도움이 되는 식품들입니다. 음식의 부피를 늘릴 수 있어 배고픔을 덜 느낄 수 있을 뿐 아니라, 영양학적으로도 아주 좋은 식품이지요. 제철 채소 역시 싸고 활용도가 높은 좋은 상품들입니다.

장에 가지 않는 날 정하기

냉장고에 들어 있는 음식재료만으로 요리하는 날을 정합시다. 혼자만의 게임을 한다는 기분으로 시도해 보면 의외의 즐거움을 느낄 수도 있습니다.

식재료를 썩혀 버리는 일이 없도록

모처럼 산 식재료를 헛되이 버리는 일이 있어서는 안 되겠지요? 가격이 쌀 때 한 번에 잔뜩 샀다면 여러 봉투에 나누어 담아 냉동실에 보관합시다.

할인 시간대를 이용

늦은 시간에 대형마트를 가면 채소류나 신선 식품을 파격 할인된 가격으로 살 수 있습니다. 대개는 다음날까지 유통기한이므로 그 안에만 먹으면 문제 없습니다.

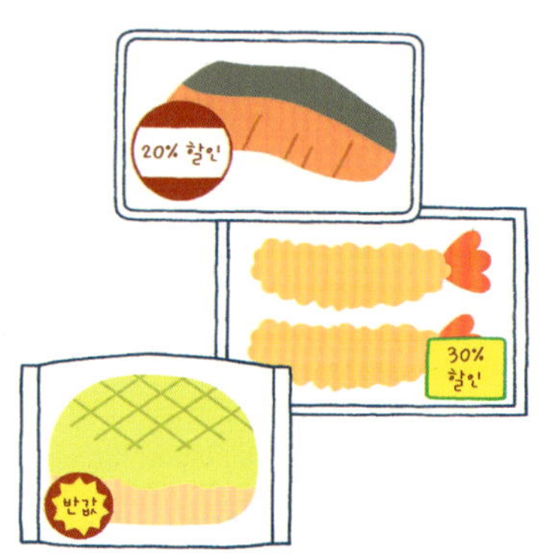

그 외의 지출도 줄여 봐요!

무리하게 쪼잔해지기 보다 같은 것을 좀 더 싸게 손에 넣는 방법을 생각해 봅시다.

보고 싶은 영화가 있다면 소셜커머스를 확인!

영화를 보러 가기 전이나 공연을 보러 가기 전에 소셜커머스 사이트를 확인해 봅시다. 영화관별로 할인권이 올라와 있기도 하고, 다수의 공연을 할인하고 있는 경우가 많습니다. 보고 싶은 것이 있을 때는 미리 예매해서 할인받는 방법도 있습니다.

가끔은 집에서 모임을

매번 술집이나 음식점, 카페로 가면 사회활동비의 대부분을 술값으로 쓰고도 부족할 수 있습니다.
각자 음식을 가지고 오는 포틀럭(Potluck) 파티를 하면 개인 부담도 줄고 마음에 걸리는 것 없이 즐길
수 있습니다.

생각없이 하는 구매는 그만!

아무 생각 없이 편의점에 들르거나 습관처
럼 카페에 들어가서 커피와 케이크를 시키
는 경우는 없었나요? 이런 습관성 소비를
계속해서는 절약하기 어렵습니다.

비교 구매 사이트를 이용

살다 보면 필요한 제품을 구매해야 할 일이
많습니다. 선물로 사게 되든 자신이 필요해
서이든 비교 구매 사이트를 이용해서 최저
가를 알아보고, 구매를 결정합시다.

 ## 은행과 신용카드, 현명하게 이용해요.

새 계좌를 열거나 신용카드를 만들 때는 자신의 라이프스타일에 맞춰 고릅니다.

월급계좌를 지정해서 수수료를 무료로

은행마다 있는 직장인을 위한 월급계좌를 이용하면 타행이체나 ATM기 사용 시 수수료를 내지 않을 수 있습니다. 그리고 주거래 은행을 정해 두면 플러스 이율이나 각종 혜택이 있으니 이점도 알아두세요. 그 외에도 다양한 혜택이 있으니 상담해 보고 은행을 신중하게 고릅시다.

학교나 직장 가까운 은행에 계좌를 개설

ATM의 시간 외 수수료는 생각보다 큽니다. 생활범위 내의 은행을 고르면 시간 외 사용 횟수도 줄어듭니다.

카드는 딱 2장만!

연회비 무료라고 해서 너무 많은 신용카드를 만드는 것은 위험합니다. 한 장을 메인으로 쓰고, 예비로 한 장만 더 있으면 충분합니다.

신용카드 사용은 신중하게

할부나 리볼빙은 이자를 내야 합니다. 물건을 살 때는 일시불로 낼 수 있는 범위 내에서 사거나 무이자 할부 서비스가 될 수 있는 금액으로 맞추어서 구입하는 습관을 들입시다.

보너스를 미리 생각하는 소비는 금물

요즘 세상에 보너스가 꼭 나올 수 있을 것이라고 보장하기는 어렵습니다. 예상했던 금액이 들어오지 않아 머릿속이 새하얘지는 경험을 하고 싶지 않다면 보너스를 예상하고 미리 소비하는 일은 피합시다.

쓴 금액은 체크!

명세서가 온 뒤에 깜짝 놀라지 않도록 소비한 항목은 체크해 둡시다. 카드 회사 홈페이지에 들어가는 것만으로도 간단히 확인할 수 있습니다.

쉽게 따라하는 생활 속 작은 저금

잔돈 저금

하루의 끝에 남은 잔돈을 모두 저금통에. 어느 정도 모이면 은행 계좌에 넣읍시다.

500원 동전 저금

지갑 안의 500원짜리 동전만 모으는 방법입니다. 장을 보러 갈 때 잔돈으로 500원이 잘 나오도록 계산해서 지불하면 빨리 모을 수 있습니다. 전자제품을 살 때나 여행비용 등을 목표로 저금하면 즐거울 수 있겠지요?

커피 저금

일과처럼 다니는 커피숍도 가지 않는 날을 일주일에 며칠 정해서 그만큼을 저금합니다. 아예 하지 않으려고 결심해 봐야 도중에 포기하기 쉬우니 우선은 주에 한 번부터 시작합시다.

할인받은 만큼 저금

30퍼센트 할인으로 물건을 샀다면 그 이득 본 30퍼센트만큼을 저금합니다. 포인트로 5000원을 싸게 샀다면 그 돈도 저금합시다. '산 셈 치고' 저금을 하거나 '먹은 셈 치고' 하는 저금보다 스트레스가 덜 쌓입니다.

넉넉하게 계좌에 입금 저금

지불 계좌에 넉넉하게 입금합니다. 예를 들어 전기요금이 46,500원이라면 50,000원을 입금하는 것처럼, 딱 떨어지는 금액을 입금합니다. 1년이 지나면 상당한 금액이 되어 보너스를 탄 기분이 됩니다.

심장이 철렁!
위급 상황 발생

 # 으악! 바퀴벌레가 나타났어요!

생각만 해도 끔찍한 바퀴벌레. 일단 발견했다면 제대로 퇴치해야 합니다. 올바른 퇴치법과 바퀴벌레 출몰 방지법을 알아봅시다.

❶ 뜨거운 물을 붓는다
그냥 뜨거운 물보다는 끓는 물이 효과적입니다.

❷ 세제를 뿌린다!
희석하지 않은 원액을 뿌립니다.

❶ 샴푸를 뿌린다.
도망가기 전에 재빨리 뿌립니다.

❷ 살충제로 한방에!
가장 효과적인 방법입니다.

뒤처리는 제대로 해요.

직접 만지지 않도록 쓸모없는 종이에 싸서 버립니다.

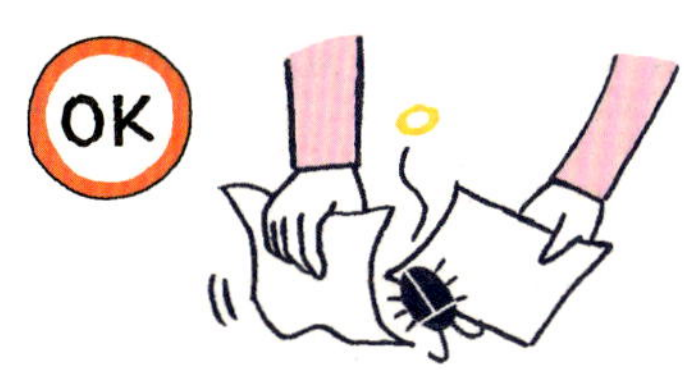

변기에 흘려보낸다? No!

녹지 않으므로 변기가 막히는 원인 이 됩니다.

청소기로 빨아들인다? No!

생명력이 질긴 바퀴! 살아 있을 수 도 있으므로 주의하세요!

바퀴벌레, 처리보다 예방이 우선이에요.

음식물 쓰레기를 모아 두지 않는다.

바퀴벌레에게 음식물 쓰레 기는 최고의 먹이입니다. 모아두지 않도록 합시다.

입구를 막는다.

부엌이나 세면실의 배수구 는 바퀴벌레의 침입 경로 이기도 합니다. 쓰지 않을 때는 뚜껑을 덮어 둡시다.

공동 구역에 바퀴벌레약을 둔다.

쓰레기 버리는 곳, 복도나 베란다 등에 바퀴벌레 약 을 놓아 두면 집 안으로 침입하는 것을 막을 수 있 습니다. 따뜻해지기 전에 설치하는 것이 포인트. 집 주인이나 관리사무소와도 상담합니다.

자주 환기해서 습기를 빼준다.

눅눅한 곳을 좋아하는 바 퀴벌레. 부엌 싱크대 아래 의 수납공간의 환기에 신 경씁시다.

바퀴벌레 약을 둔다.

바퀴벌레 퇴치약은 물 주변 이나 선반 구석 등 바퀴벌 레가 좋아할 것 같은 장소 에 둡니다.

 ## 앗! 불이 났어요!

화재가 일어나고 난 뒤에는 아무리 후회해도 늦습니다. 참사가 일어나지 않도록 평소에 불 관리를 철저히 합시다.

가스레인지, 이런 점을 주의해요.

소맷부리를 조심하세요.

손을 뻗었을 때 소맷부리에 불이 붙을 위험이 있습니다. 요리할 때는 소매가 잔뜩 늘어지는 옷은 입지 않도록 합시다.

기름 요리 시 자리를 비워야 한다면?

고온이 되면 기름에 불이 붙을 수 있습니다. 기름을 사용한 요리를 하고 있을 때는 잠시라도 절대로 그 앞을 벗어나지 않도록 합시다.

가스 냄새가 날 때는 환기 후에 신고해요.

가스레인지를 끄고 가스관의 밸브를 잠급니다. 창문을 열어 환기를 하고, 가스 회사에 연락합니다. 긴급 연락처는 사전에 주방에 붙여 두도록 합시다.

천을 이용해요.

프라이팬이나 냄비에 불이 붙으면 물에 적신 천을 단번에 뒤집어씌웁니다. 천이 작으면 천 아래에서 불이 나오니 주의하세요.

물을 뿌리는 것은 절대 금지!

갑자기 물을 뿌리면 고온의 기름이 튀어올라 큰 화상을 입을 우려가 있으므로 물은 절대 뿌리지 않습니다.

소화기를 이용해요.

건물에는 각 층별로 소화기가 비치되어 있습니다. 소화기 겉면에 표시된 사용법을 참조해 불을 끕니다.

평소에도 늘 신경써요.

★ 가스를 사용할 때는 환기팬을 돌려 가스가 주변에 머무르지 않게 조심해요.

★ 사용 후에는 레인지의 스위치를 꼭 끄세요. 약한 불로 켜두었다가 잊으면 큰일나요!

★ 평소 사용하지 않을 때는 밸브를 잠그고, 외출을 할 때는 밸브가 잠겼는지 꼭 확인해요.

이웃과 사이좋게 지내요.

먼저 예의를 지켜 이웃과 얼굴을 찌푸릴 일이 없도록 합시다. "우리 집 바닥은 아랫집 천장"이며, 벽 하나만 넘으면 남의 집이라는 것을 잊지 맙시다.

이상한 이웃을 만났어요!

직접 찾아가서 말하다 감정이 상하게 되면 앞으로 생활하기 어려워 질 수 있습니다. 집 주인이나 관리사무소에 전화해서 전달합시다.

날마다 파티를 여는 이웃

층간소음이나 옆집의 소음 때문에 잠을 설친 적이 있나요? 직접 찾아가기보다는 관리사무소나 집 주인, 한국환경공단에 문의하는 편이 좋습니다. 직접 찾아가면 싸움이 일어날 수도 있고, 법적 문제로 발전할 수도 있습니다.

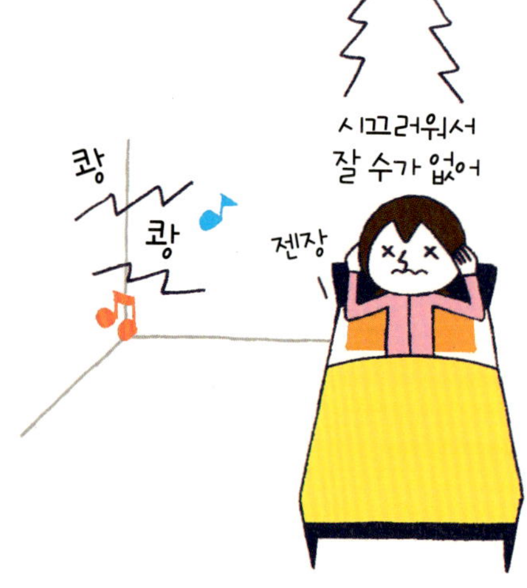

쓰레기 무단 투기를 하는 이웃

누가, 언제, 어디에 버렸는지를 128번이나 거주지 구청 등에 신고합니다. 직접 해결하려 해 봐야 나아지기보다는 싸움이 될 수 있습니다.

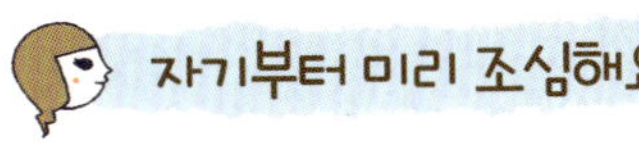

쓰레기 수거일과 시간을 지켜요.

매너를 지키는 사람이 많으면 기분 좋게 살 수 있고, 다른 사람들도 매너를 위반하기 어려워 쾌적한 환경에서 살 수 있습니다.

심야나 이른 아침에는 청소나 세탁을 하지 말아요.

청소기나 세탁기 소리는 진동과 함께 주변으로 크게 울립니다. 늦은 밤이나 이른 아침은 피합시다.

사람을 초대할 때는 소음에 조심해요.

친구들과의 즐거운 대화, 신나는 음악이 나에게는 흥겨워도 남에게는 불쾌한 소음입니다. 친구를 부를 때는 방심하기 쉬우므로 조심합시다.

먼저 인사하고 안면을 익혀요.

얼굴을 알고 있는 사이라면, 대화를 통해 오해와 싸움을 막을 수 있습니다.

 ## 04 보안 문제, 예방이 우선이에요.

큰 문제는 언제나 사소한 것에서 시작됩니다. 불필요한 문제를 미리 예방하고, 여지를 남기지 않기 위해 다른 사람들의 접근이 가능한 공용공간에서의 개인정보관리와 보안에 신경씁시다.

 ### 우편물 관리

자물쇠를 달아주세요.

우편함은 대부분 현관 주변의 공용공간에 있습니다. 아무나 열 수 없도록 간단한 것이라도 자물쇠를 달아둡시다. 장난 예방에는 효과가 큽니다.

우편물이 쌓이게 두지 마세요.

쌓여 있는 우편물은 빈집의 증거가 될 수 있습니다. 오랫동안 집을 비울 때는 우체국에 보관을 요청합시다. 그리고 평소에도 자주 우편함을 정리합시다.

 ## 엘리베이터 및 복도

탈 때는 등 뒤를 확인해요.

충분히 주의를 했지만, 문이 닫힐 때 수상한
사람이 뛰어드는 경우도 있습니다. 타기 전
에는 주변을 살핀 후 승강기에 오릅시다.

서는 위치에 주의해요.

조작 버튼 가까이에 섭니다. 상대에게 등을
보이지 말고 벽에 등을 기대고 서도록 합
시다.

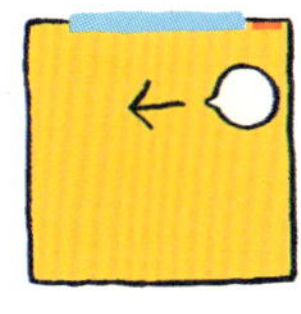
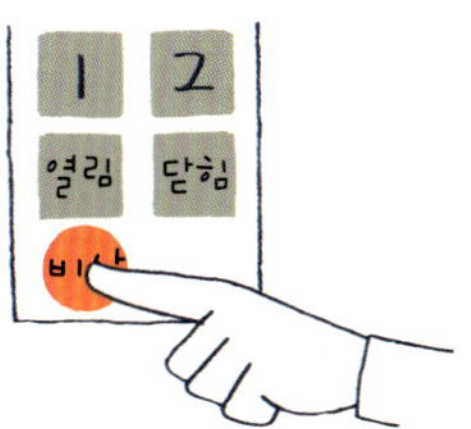

수상하다 싶으면 내리세요.

수상한 사람과 단둘이 되는 상황은 위험할
수 있습니다. 뭔가 기분이 이상하다면 머뭇
거리지 말고 일단 내려서 상황을 봅니다.

집에 들어가는 모습을 보이지 않도록 합시다.

★ 의심스러운 사람이 있거나 어쩐지 이상한 기분이 든다면, "아닐거야!"하고 그 느낌을 무시하지 마
세요. 집의 위치가 드러나지 않도록 사람이 많은 곳에 들렀다가는 것도 한 방법입니다. 엘리베이
터를 탔다면, 집이 있는 층보다 한 층 위나 아래에서 내립니다.

 # 스토킹, 남의 일이라고요?

"설마 나한테야…." 하고 방심하지 않는 것이 중요합니다. 스토킹을 당하는 이유나 계기는 천차만별입니다. 마음에 걸리는 것이 있든 없든, 수상한 일이 벌어지고 있다는 생각이 든다면 재빨리 경찰과 상담하세요.

 ## 수상쩍은 일

누군가의 시선

알 수 없는 시선이 느껴지거나 누군가와 자꾸만 눈이 마주치나요?

수상한 전화

발신자 표시가 제한된 전화가 걸려오거나, 받으면 끊기는 전화가 걸려오나요?

수상한 물건

시킨 적도 없는 물건이나 보낸 사람이 누구인지 모르는 의문의 물건이 도착해 있나요?

도어스코프

오래 전에 설치된 도어 스코프는 밖에서 들여다보아도 방 안을 볼 수 있습니다. 전용 커버로 잘 막아 둡시다.

광고 우편물

광고라고 무신경하게 버리지는 않았나요? 광고 우편물 몇 가지만 조합하면 스토커가 알고 싶은 개인 정보가 잔뜩 들어 있습니다. 버릴 때는 수신인을 확실히 지우고 잘게 찢어서 버립니다.

조명

집에 돌아와서 바로 불을 켜면 자신의 집을 광고하는 꼴이 됩니다. 밖에서 보이는 장소의 불은 바로 켜지 말고 커튼을 친 후 켭니다.

쓰레기

수거일 아침에 냅니다. 쓰레기 모아두는 곳에 오래 두면 스토커에게 쓰레기를 뒤질 시간을 주게 됩니다.

 ## 혼자 할 수 있는 예방법

속옷은 밖에 널지 맙시다.

살고 있는 사람의 성별을 가장 잘 알 수 있는 것이 빨래입니다. 속옷은 바깥에 널지 말고, 꼭 널어야 한다면 눈에 띄는 곳은 피합니다.

혼자 있을 때 배달음식을 시키거나 택배를 받지 마세요.

배달원에게 어쩔 수 없이 집에 혼자 있음을 보이게 될 수 있습니다. 혹시라도 있을지 모를 위험은 피하는 것이 좋습니다.

기록을 남기세요.

수상한 전화나 이상한 내용의 문자는 저장 후 기록하고, 문제가 되는 인터넷상의 SNS나 게시판 스토킹도 화면을 캡쳐해 저장해 둡시다. 뒤를 따라온 날, 횟수 등도 기록해 두면 자료로 쓸 수 있습니다.

 ## 문제가 생길 경우 대처법

경찰에 상담 하세요.

피해 상황에 대해 문의하고, 순찰 강화를 요청할 수 있습니다. 스토킹 신고를 한 것도 기록이 남기 때문에, 스토킹이 심해졌을 때 수사 요청의 근거가 될 수 있습니다.

인터넷 스토킹은 사이버 범죄 수사대에 문의하세요.

개인정보를 노출당했다면 사이트 관리를 하고 있는 회사나 해당 사이트의 범죄 수사대에 문의합니다.

※ 사이버 범죄 수사대 홈페이지 : www.ctrc.go.kr

혼자 행동하지 말아요.

가능하다면 가족이 있는 본가에 돌아가는 편이 좋습니다. 하지만 그것이 불가능 하다면 친구 집에 머무는 것도 좋습니다. 그리고 집 밖으로 나갈 일이 있을 때는 꼭 누군가와 함께 움직입시다.

수상한 사람이 따라와요!

수상한 느낌이 든다면 주의할 필요가 있습니다. 위험한 상황이 발생하면 후회해도 소용없습니다. 바보같은 생각이라거나 오버한다고 생각하지 말고 이상한 느낌이 들면 바로 행동하세요. 밤길을 다닐 때의 행동 원칙과 함께 수상한 사람을 만났을 때의 대처법을 소개합니다.

돌아가더라도 밝은 길로 다닌다.
가깝지만 어두운 곳보다는 멀리 돌아가더라도 인적이 있는 밝은 곳을 이용합니다.

때때로 뒤를 돌아본다.
오버라고 생각되더라도 몇 번이나 돌아보는 것이 위험을 예방할 수 있어요.

조심!!

이어폰을 꽂고 큰 소리로 음악을 들으며 다니지 않도록 합시다.

★ 늦은 밤 퍽치기 사고의 가장 쉬운 표적이 이어폰을 꽂은 사람이라는 것, 알고 있나요? 밤길은 무슨 일이 일어날지 알 수 없습니다. 이어폰을 꽂고 있으면 주변에서 어떤 일이 일어나는지 신경을 쓸 수 없습니다.

보고 있을 때 집에 들어가지 않는다.
서둘러 귀가하고 싶은 마음은 태산같지만 집을 들킬 수 있으므로 향후 더 위험해질 수 있습니다.

휴대전화로 대화하는 척 해서 상대를 경계시킨다.
누군가와 바로 연락할 수 있는 상황이라는 것을 알립니다. 이야기에 빠져 경계심을 잃지 않도록 조심합시다.

사람이 있는 곳에 들른다.
사람이 있는 편의점이나 상점에 자연스럽게 들러 수상한 사람이 하는 행동을 확인합니다. 아무래도 이상하다면 경찰에 도움을 요청하세요.

방범용품은 언제든 쓸 수 있도록 준비해 둔다.
방범용품을 사서 가방 안에 넣어 두고 있지는 않나요? 위험한 순간에는 가방에서 꺼내들 틈이 없습니다. 언제든 사용할 수 있게 손에 쥐고 있어야 합니다.

조심!!

차 옆으로 걷지 맙시다.
★ 차 안에서 손을 뻗어 갑자기 당기는 일도 있으니 조심하세요.

가방은 차도 쪽으로 들지 맙시다.
★ 오토바이나 자전거, 차가 가까이 와서 낚아채는 일도 많습니다. 가방은 차도와 반대쪽으로 들도록 합시다. 귀중품이 있다면 가능하면 앞쪽으로 들도록 하세요.

 # 도둑이나 강도, 막을 수 있나요?

사소한 일 하나로 빈집털이의 대상이 되기도 하고, 빈집털이를 예방할 수 있기도 합니다. 혼자 사는 것에는 자유만큼이나 위험과 책임도 따르지요. 도둑이나 강도 예방법이 번거롭게 느껴질 수 있겠지만, 습관이 되고 나면 귀찮게 느껴지지 않을 것입니다.

초인종이나 우편함 근처를 살펴보세요.

초인종이나 우편함, 대문 근처에 정체 모를 표시가 있는지 살펴보세요. 검침원의 표시일 수도 있지만, 방문판매원이나 전도단체의 표시일 수도 있으며 또 다른 가능성도 있습니다. 발견 즉시 지워주세요.

집을 비울 때나 귀가시간이 늦어진다면 불을 켜두고 나가요.

불이 켜진 집은 빈집털이범이나 범죄자들도 꺼릴 수밖에 없습니다. 사람이 있을지도 모르기 때문입니다. 귀가했을 때도 불이 켜져 있는 편이 안심이 되니, 귀가 시간이 애매할 때는 전등을 켜두고 외출하세요.

오토록과 열쇠를 함께 써요.

따로 열쇠를 챙기지 않아도 되는 오토록을 사용하는 가구가 많이 늘었습니다. 하지만 전기충격으로 오토록을 열고 범죄를 저지르는 경우도 있고, 터치패드의 닳은 부분을 보고 비밀번호를 알아내는 경우도 있습니다. 열쇠도 함께 사용하세요.

체인을 걸고 확인해요.

문을 벌컥 열어주기보다는 인터폰으로 상대를 확인하고, 체인을 건 채 문을 열어 다시 확인합시다.

창문은 꼭 잠그고 다녀요.

1층이 아니니까 안심이라며 환기를 위해 창문을 열고 다니지는 않나요? 2층이나 그 이상이라도 창문으로 들어와 범죄를 일으키는 경우가 많습니다. 2층 이상이라고 안심하는 것은 금물!

아주 잠깐이라도 집을 비운다면 문을 잠가요.

쓰레기를 버리러 가거나 택배를 찾으러 경비실에 갈 때, 아주 잠시 동안 집을 비우는 것이라 문을 잠그지 않는 경우가 있는데요, 범죄는 그런 '잠시'에 일어날 수 있습니다. 아무리 짧은 순간이라도 꼭꼭 잠그고 다닙시다.

방범용품을 활용해요.

인터넷이나 마트에서 쉽게 방범용품을 찾아볼 수 있습니다. 이중열쇠나 방범스티커, 방범알람 등이 있으니 상황에 맞게 구입해서 사용합시다.

자신은 스스로 지켜요!

신변에 위험을 느낀다면 도망치는 것이 최고입니다. 하지만 잡혔을 경우에는 어떻게든 뿌리치고 달아나야 겠지요? 상대를 잠시라도 무력화시킬 수 있는 방법을 소개합니다. 기억해 두었다가 위험한 순간에 활용해 봅시다.

 ## 앞으로 잡혔을 때

고간

사타구니 아래에 발을 넣어 차올립니다. 남성 퇴치에 가장 효과적입니다. 1~2분 동안은 움직이지 못합니다.

목

목젖 아래 부근을 찔러 상대의 숨을 막습니다. 숨이 막힌 상대의 손이 느슨해지면 도망치거나 신고합니다.

눈

손가락이나 날카로운 물체로 눈을 누릅니다. 명치나 고간보다 취약하고 고통도 심해 도망칠 시간을 벌 수 있습니다.

 ## 뒤에서 잡혔을 때

구두굽

구두의 딱딱한 굽 부분을 이용해서 상대의 발을 힘껏 밟아줍니다. 상대의 손이 풀리면 팔꿈치로 명치를 노려 손을 풀게 합니다.

뒤로 박치기

뒤로 중심을 옮기고 머리로 상대의 얼굴을 세게 박습니다. 상대의 손가락에 손이 닿는다면 새끼손가락을 공격해 손을 풀게 합니다.

이용할 수 있는 일상용품

휴대전화

손에 쥐고 상대의 안면을 후려칩시다.

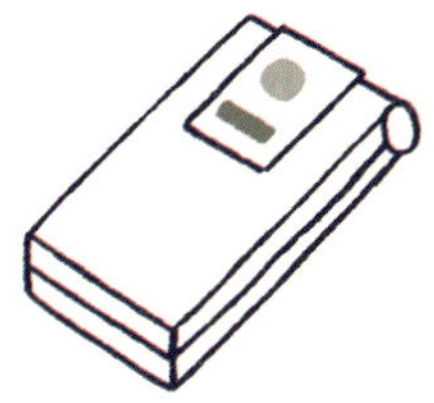

우산

아무렇게나 휘두르지 말고 양손으로 꼭 쥡니다. 빈틈을 노려 발이나 배 등을 우산으로 찔러서 도망칠 시간을 버세요.

모래나 돌멩이

자신을 향해 뭔가가 날아오면 상대도 기가 꺾입니다. 그 틈에 도망칩시다.

열쇠

손가락 사이에 끼워 때립니다. 뾰족하고 단단한 것을 사용하면 상대에게 충격을 줄 수 있습니다.

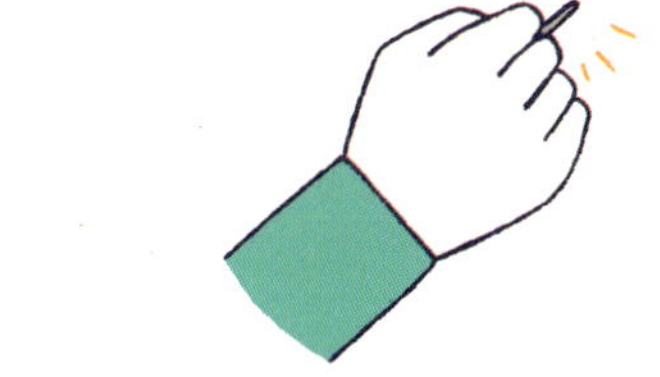

도망칠 때는 "불이야!"라고 외치면서 가까운 집으로

사람들은 "도와주세요!"라는 소리에는 반응하지 않다가도 "불이야!"라는 말에는 반응하고 나와 보는 경우가 많습니다. 다른 사람이 나타나는 것만으로도 범인에게 위협이 될 수 있답니다.

부록

집의 특성과 자신의 개성을 살린 인테리어

당장 따라할 수 있는 코너별 아이디어

집의 특성과 자신의 개성을 살린 인테리어

집이 좁아도, 집이 낡았어도 다양한 아이디어를 내면 멋진 방이 될 수 있습니다.

카페풍 인테리어로 편안한 방을

색이 다른 일인용 소파와 평범한 테이블로 카페 스타일이 완성! 흰 벽에 장식한 사진이나 비비드한 색의 침대커버와 소파로 자신만의 개성을 드러냅니다. 사진 속에서처럼 강조 색을 붉은 계열로 통일하고 그 외에는 흰색을 기조로 하면 매니시한 분위기를 낼 수 있습니다.

모던한 아이템을 러그로 중화

독특한 디자인의 전등과 투명한 유리테이블은 일견 지나치게 단순하고 심플해 보일 수 있습니다. 이 인테리어에 생동감을 불어넣는 것이 컬러풀한 러그입니다. 에스닉한 쿠션을 더하면 스타일리시 하면서도 자신만의 개성이 느껴지는 독특한 스타일의 인테리어가 완성됩니다. 키가 큰 가구를 놓지 않아 압박감이 없고 넓어 보입니다.

창을 최대한 살려서

넓찍한 창을 살리기 위해 창을
가릴 만한 것을 두지 않았습니
다. 녹색식물이나 드라이플라
워를 배치해 따뜻한 분위기를
자아냅니다.

나무색으로 통일해 침착한 인테리어로

집에 사용한 나무의 색과 가구의 나무색을 통일하는 것으로 별다른 인테리어가 필요없어집니다. 따뜻함을 느
끼게 하는 소품이 방 분위기와 잘 어울리네요.

인조 식물로
개성적인 인테리어를

천장이나 바닥에는 인조 식물을, 벽에는 커다란 성조기를 장식해 빈티지숍 같은 인테리어를 완성했습니다. 가전은 한 곳으로 모으고 냉장고에는 포스터를 장식해서 생활감이 나지 않도록 신경썼군요. 현관에서 방이 보이지 않도록 방 입구에 천을 걸어 두는 아이디어도 돋보입니다.

대담한 천 사용으로 리조트 호텔 같은 분위기를

개성적인 무늬의 아이템이 많이 있어도 산만해 보이지 않는 것은 기본적인 톤을 검정과 갈색으로 정해 두었기 때문입니다. 간접조명을 사용해 은근하고 부드러운 빛 덕분에 지나치게 남성적으로 보이지 않게 했군요. 바닥에는 비치는 느낌의 오건디 천을 겹쳐서 상냥한 분위기를 만들고 있습니다.

소품 장식과 보여주기 수납

마음에 드는 소품을 최대한 살리기 위해서는 가구나 침구는 심플한 것을 선택해야 합니다. 엄선한 소품과 캐릭터 상품을 같은 간격으로 늘어놓거나 벽에 장식하는 것으로도 멋진 인테리어 완성! 수납이 어려운 목걸이류를 벽에 보여주기 수납으로 디스플레이하는것도 좋은 아이디어입니다.

주거 공간을 선반으로 구분

침대와 책상 사이에 파티션 대신 선반을 놓아 '작업하는 공간'과 '자는 공간'을 확실히 구분합니다.

공부나 일을 할 생각이었는데 그만 잠들어 버리는 사태를 피할 수 있습니다. 벽에 장식한 포스터나 워킹체어의 붉은색이 포인트가 되어 지나치게 심플하지 않은 방으로 만들어 줍니다.

당장 따라할 수 있는 코너별 아이디어

제한된 공간을 효과적으로 사용하면서도 멋스러워 보일 수 있는 인테리어 아이디어를 모았습니다.

 **부엌** 좁아도 쓰기 편하게 배치해요!

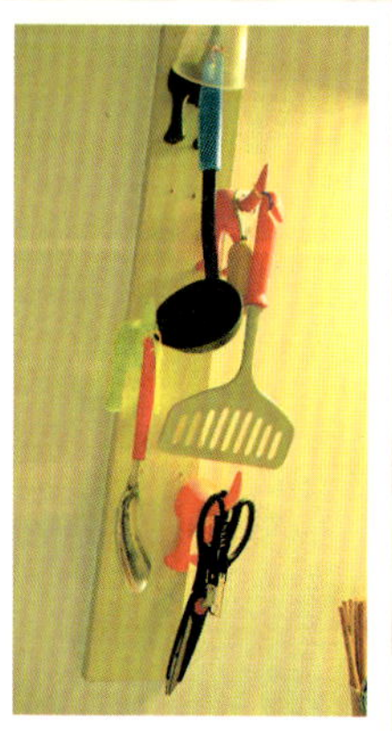

판자에 후크를 단 것을 벽에 양면 테이프로 고정하여 조리기구를 걸어 두었네요. 가볍고 부피가 큰 물건을 수납하기 좋습니다.

벽에 와이어랙을 설치해 조리기구를 매달아 수납했습니다. 바구니에도 S자 후크를 더하면 더욱 많이 수납할 수 있습니다.

물방울무늬나 얼굴 일러스트가 들어간 아이템을 자연스럽게 놓았습니다. 벽의 핑크 타일과도 매치되어 여성스러운 부엌이 됩니다.

뒤지개나 국자 등 자주 사용하는 것은 후크 타입의 수납 랙으로 '보이는 수납'을 합니다. 사용하고 싶을 때 바로 손에 닿는 것도 매력이지요.

216

 감추기와 보여주기를 확실하게 합시다.

선반 사이즈에 딱 맞는 바구니를 사용
해 보이는 부분과 숨기는 부분을 적절
히 나누었습니다. 이렇게 자질구레한
숨기고 싶은 물건과 디스플레이를 나누
면 산뜻합니다.

컬러박스를 눕혀서 낮은 선반으로 사용했습니
다. 근처에 마음에 드는 그림책이나 액자를 장
식해 뒤쪽의 잡동사니를 자연스럽게 감춥니다.
작은 책장도 같은 용도로 쓸 수 있습니다.

 수납용품이 죽은 공간을 살려요!

천장에서 끈으로 바구니를 매달아 가방이나 구두를 넣었습니다. 에어컨의 배선 등으로 물건을 놓기 어려운 장소도 이것으로 해결.

가방이나 모자의 수납에 작은 압축봉과 S자 후크를 사용했습니다. 모양이 일그러지지 않고 깔끔하게 정리됩니다.

테이블 아래의 수납에는 딱 맞는 종이 상자를 이용하면 깔끔하게 정리할 수 있습니다. 화장 도구나 문구류 등은 사용하는 장소 가까이에 수납하는 것이 편합니다.

 장식하는 아이템으로 집의 인상이 바뀐답니다.

붙이는 것만으로 화사한 분위기가 되는 월 스티커. 떼어낼 때 벽에 흠집이 나지 않아 집을 빌려서 사는 자취생들의 인테리어에 큰 도움이 됩니다.

입체 페이퍼플라워를 거울 주변에 랜덤하게 장식했습니다. 색이 없기에 요란스럽지 않고 자연스러운 귀여움이 살아납니다.

존재감 있는 패브릭을 패널에 장식하는 것도 방법입니다. 단조롭던 흰 벽이 단숨에 개성 넘치는 분위기를 띠게 됩니다.

 컬러나 사이즈에 신경써 주세요.

유리로 된 데스크에 다리를 뻗을 수 있는
긴 의자를 모던한 분위기로 꾸몄습니다.

붙박이장의 문을 떼고 나무판을 데스크 대용으로,
아래쪽은 수제 커튼으로 가렸습니다. 책상을 놓을
공간이 없다면 이런 방법도 있습니다.

빨간 워킹체어가 이 방 인테리어의 포인트가 되어
주네요. 수납장이 딸린 넓은 데스크라면 책상이 어
지럽혀지는 일도 없습니다.

하나 놓아두면 치유의 공간이 됩니다.

꽃이나 식물을 기르는 베란다 가드닝, 보기에 예쁜 것을 길러도 좋지만 계절별로 먹을 수 있는 것들을 길러도 즐겁습니다.

수국의 드라이플라워를 인포트의 빈 캔에 넣었습니다. 돌볼 필요도 없고 창가가 살아났군요.

허브 화분을 머리맡에 놓아 시각적 효과는 물론 불면증도 예방해 봅시다. 마음에 드는 소품도 함께 디스플레이합시다.

플라워 모티브의 플로어 라이트는 소녀틱한 방 꾸미기에 안성맞춤입니다.

북유럽풍의 우드셰이드는 백열등의 따뜻한 맛이 있는 빛에 딱 맞습니다.

시간의 흐름이 우러나오는 라이트는 현관 등의 포인트 조명으로 사용하기 좋습니다. 미니사이즈인 것도 귀엽군요.

화려한 주얼리 샹들리에는 가족들이 함께 사는 집에서는 쓰기 어렵지요. 독신이기에 선택 가능한 조명입니다.

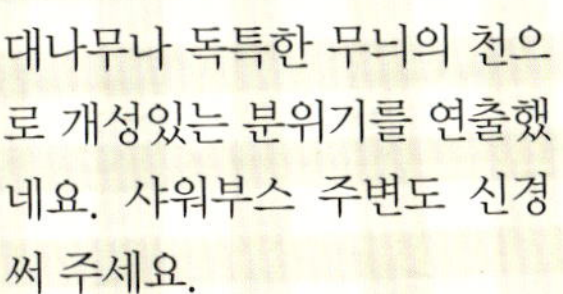

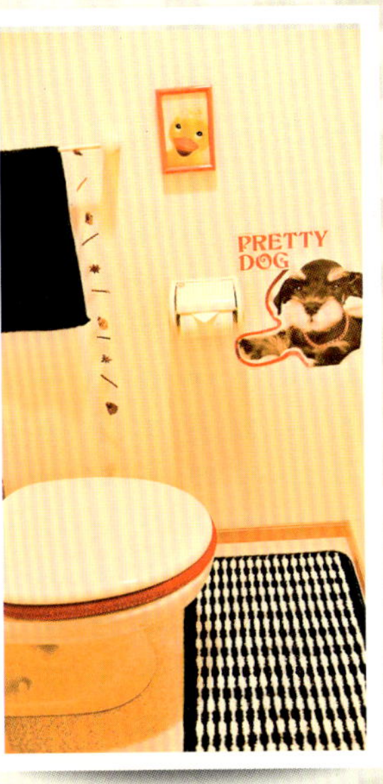

대나무나 독특한 무늬의 천으로 개성있는 분위기를 연출했네요. 샤워부스 주변도 신경 써 주세요.

잡지나 달력에서 본 예쁜 일러스트나 사진을 장식해 봅시다. 수건걸이에 늘어뜨린 모빌도 포인트가 됩니다.

비즈 주렴을 입구에 늘어트려 스타일리시하게 꾸몄군요. 바구니나 항아리 스타일의 박스로 수납 공간도 확보했습니다.

상식으로 꼭 알아야 할

나, 혼자 살기

초판 1쇄 발행 2014년 1월 10일

저   자 ┃ 주부의벗사

발 행 인 ┃ 신재석
발 행 처 ┃ (주)삼양미디어
등록번호 ┃ 제 10-2285호
주   소 ┃ 서울시 마포구 양화로 6길 9-28
전   화 ┃ 02 335 3030
팩   스 ┃ 02 335 2070
홈페이지 ┃ **www.samyang𝓜.com**

I S B N ┃ **978-89-5897-280-8(13590)**